はじめての
MATLAB

北村達也　著

近代科学社

◆ 読者の皆さまへ ◆

小社の出版物をご愛読くださいまして，まことに有り難うございます．

おかげさまで，㈱近代科学社は 1959 年の創立以来，2009 年をもって 50 周年を迎えることができました．これも，ひとえに皆さまの温かいご支援の賜物と存じ，衷心より御礼申し上げます．

この機に小社では，全出版物に対して UD（ユニバーサル・デザイン）を基本コンセプトに掲げ，そのユーザビリティ性の追究を徹底してまいる所存でおります．

本書を通じまして何かお気づきの事柄がございましたら，ぜひ以下の「お問合せ先」までご一報くださいますようお願いいたします．

お問合せ先：reader@kindaikagaku.co.jp

なお，本書の制作には，以下が各プロセスに関与いたしました：

- 企画：冨髙琢磨
- 編集：冨髙琢磨
- 組版：藤原印刷 (LaTeX)
- 印刷：藤原印刷
- 製本：藤原印刷 (PUR)
- 資材管理：藤原印刷
- カバー・表紙デザイン：㈱エムディエヌコーポレーション
- 広報宣伝・営業：山口幸治，東條風太

- 本書の複製権・翻訳権・譲渡権は株式会社近代科学社が保有します．
- JCOPY 〈(社)出版者著作権管理機構 委託出版物〉
  本書の無断複写は著作権法上での例外を除き禁じられています．
  複写される場合は，そのつど事前に(社)出版者著作権管理機構
  （https://www.jcopy.or.jp，e-mail: info@jcopy.or.jp）の許諾を得てください．

まえがき

　本書は Mathworks 社の数値計算ソフトウェア MATLAB を初めて使う方を想定したごく初歩的な解説書です．数学が得意でない読者でも読み進めることができるよう，できるだけ易しい題材を用いて丁寧に解説することを心掛けました．その代わり，本書には固有値もフィルターも出てきませんので，専門的な情報を求める方には適しません．

　本書は，読者が簡単な MATLAB のプログラムを書くことによって，自身の学習や仕事を効率的に進められるようになることを目標としています．はじめに，第 1 章で MATLAB の基本的な操作法を説明します．第 2 章ではデータ構造について解説します．派手さはありませんがこの部分をしっかり習得することが MATLAB を使いこなすための近道です．第 3 章ではデータの可視化について解説します．MATLAB で提供されている多彩で美しいグラフの機能は，そのためだけにでも利用する価値のあるものです．

　第 4 章ではプログラミングの基礎を説明しますので，プログラミングの経験がなくてもぜひ一度チャレンジしてみてください．第 5 章ではファイルの入出力について解説するほか，ファイルを効率的に処理するプログラムを紹介します．第 6 章では GUIDE というツールを用いてグラフィカルユーザーインターフェース (GUI) を持つプログラムを作成します．第 7 章には MATLAB を使う上でのこまごまとしたヒントをまとめました．

　本書の内容は Windows 版および Mac OS X 版 MATLAB の R2015b (バージョン 8.6.0.267246) で動作の確認をしています．2016 年春に公開された MATLAB R2016a には App Designer という機能が追加されました．これは，GUI を持つプログラムを開発するため環境です．残念ながら，本書にはこの新機能に関する解説を含めることができませんでしたが，上述のように，GUIDE を用いる方法を解説しています．

　本書の草稿段階では久保理恵子氏，竹本浩典氏，能田由紀子氏，真栄城哲也氏，水町光徳氏から有益なご助言をいただきました．また，著者の勤務先の学生である清瀬大貴君には本書の内容を入念にテストしていただきました．皆様に心より感謝いたします．もちろん，本書の至らない点や誤りについては著者に責任がありますので，読者の皆様からご意見をいただけたら幸いです．

　本書が MATLAB の勉強を始めようとしている人々の一助になれば著者にとって大きな喜びです．

2016 年 9 月
著者

目　次

1章　はじめの一歩 1
   1.1　MATLAB の特長 2
   1.2　MATLAB のデスクトップ 2
   1.3　実行例の参照 5
   1.4　ドキュメンテーション（マニュアル）の参照 6
   1.5　スカラーの計算 8
   1.6　関数の利用 10
   1.7　変数の利用 12
   1.8　コマンドウィンドウの操作 14
   1章　演習問題 17

2章　データ構造 19
   2.1　ベクトル 20
   2.2　コロン演算子によるベクトルの生成 24
   2.3　関数によるベクトルの生成 26
   2.4　ベクトルの要素指定 28
   2.5　行列 29
   2.6　行列の要素指定 31
   2.7　ベクトル・行列の演算 33
   2.8　ベクトル・行列の要素単位の演算 37
   2.9　ベクトル・行列と関数 38
   2.10　多次元配列 40
   2.11　構造体とその配列 43
   2.12　セル配列 45
   2章　演習問題 50

3章　グラフの作成 51
   3.1　2次元グラフのプロット 52
   3.2　3次元グラフのプロット 56
   3.3　図のコピー&ペースト 59

3.4	グリッドラインの表示	60
3.5	タイトルと軸ラベルの表示	62
3.6	1つの座標軸への複数グラフのプロット	64
3.7	凡例の表示	67
3.8	フィギュアウィンドウ分割による複数の座標軸の表示	69
3.9	座標軸の範囲指定	71
3.10	座標軸のスタイル指定	73
3.11	GUIによるプロット	75
3.12	グラフの属性の指定	76
3.13	プロパティエディターによるグラフの編集	78
3.14	コマンドによる座標軸の属性の指定	82
3.15	3次元グラフの視点の設定	84
3.16	フィギュアウィンドウの追加	86
3.17	グラフへの図形やテキストの挿入	87
3.18	ヒストグラムのプロット	88
3.19	散布図のプロット	89
3.20	離散データのプロット	91
3.21	円グラフの作成	92
3.22	棒グラフの作成	94
3.23	エラーバー付きのグラフのプロット	96
3.24	対数グラフのプロット	98
3.25	データカーソルの表示	99
3.26	Figファイルへの保存	101
3.27	画像ファイルへの保存	103

4章 プログラミングの基本 ... 107

4.1	フォルダーとエディターの準備	108
4.2	スクリプトの作成	110
4.3	関数の作成	112
4.4	if文による条件分岐	114
4.5	複雑な条件式	117
4.6	while文による繰返し	119
4.7	for文による繰返し	121
4.8	自作の関数の呼出し	123
4.9	文字列の比較	126
4.10	キーボードからの入力	130
4.11	ダイアログボックスによる値の入力	132
4.12	繰返し処理の制御	135

- 4.13 引数および戻り値の数の利用 137
- 4.14 コメント，ヘルプの作成 139
- 4.15 検索パスの設定 141
- 4.16 処理時間の計測 143
- 4.17 GUI よる処理の実行と処理時間の計測 145
- 4.18 期待通りに動かないときには 146
- 4 章 演習問題 151

5 章 ファイル入出力 153
- 5.1 MAT ファイル，テキストファイルへの書き込み 154
- 5.2 MAT ファイル，テキストファイルからの読み込み 156
- 5.3 CSV ファイルの読み書き 158
- 5.4 Excel のファイルの読み書き 160
- 5.5 画像ファイルの読み書き 162
- 5.6 オーディオファイルの読み書き 164
- 5.7 フォルダー内の全てのファイルに対する処理 166
- 5.8 フォルダー内の特定の形式のファイルを対象とする処理 171
- 5.9 GUI によるフォルダーやファイルの指定 172
- 5.10 連番付きのファイルへの保存 176
- 5.11 テキストファイルへの出力における書式指定 179
- 5.12 バイナリファイルの読み書き 182
- 5 章 演習問題 187

6 章 GUIDE による GUI プログラムの作成 189
- 6.1 入力エリアとボタンを用いたプログラム 190
- 6.2 コンポーネントの有効/無効の切り替え 198
- 6.3 戻り値の設定 200
- 6.4 メニューと座標軸を用いたプログラム 202
- 6.5 ポップアップメニューを用いたプログラム 206
- 6.6 リストボックスを用いたプログラム 209
- 6 章 演習問題 212

7 章 MATLAB の Tips 集 213
- 7.1 エディターでの現在の行のハイライト 214
- 7.2 列ベクトルへの変換 215
- 7.3 行列・ベクトルの連結 216
- 7.4 行列・ベクトルのソート 218
- 7.5 要素単位の演算実行時のエラー 219
- 7.6 基本的な統計量 220

7.7 ゼロ割の防止 221
7.8 条件式を利用した配列の要素指定 222
7.9 find の利用 224
7.10 ウェイトバー（プログレスバー）の表示 226
7.11 水平な線，垂直な線のプロット 227
7.12 スクリプトによるファイルの処理 228
7.13 コマンドウィンドウへの出力における書式指定 229
7.14 MATLAB Central 230

演習問題解答例 ……………………………………………………………………………231

索引 ……………………………………………………………………………………………243

第1章　はじめの一歩

[ねらい]

　この章ではまず MATLAB の特長を紹介します．次に，MATLAB のデスクトップについて説明し，続いて，実行例とドキュメンテーション（マニュアル）の参照のしかたや，基本的な計算の方法を解説します．一緒に操作しながら MATLAB のおおまかなイメージをつかんでください．

[この章の項目]

　　MATLAB の特長
　　MATLAB のデスクトップとその操作
　　実行例，ドキュメンテーションの参照
　　スカラーの演算
　　関数，変数の取り扱い

1.1 MATLABの特長

はじめに，筆者の考えるMATLABの特長をご紹介します．あらかじめMATLABがどのような特長を持っているのかを知っておくと，勉強もしやすいのではないかと思います．ただし，今の段階で内容がわからなかったり，知らない単語があったりしても気にすることはありません．

データを簡単に可視化できる： データを簡単にプロットすることができるため，処理結果を目で確認できます．これはプログラミングの際にも大いに役立ちます．

多彩な関数（コマンド）を対話的に利用できる： 様々な関数を用いて高度な処理を行うことができます．コマンドウィンドウで関数を実行すると即座に結果が得られます．

配列を直接使って計算できる： 配列をそのまま計算式に使ったり，関数の引数として与えたりできます．繰返し処理をコンパクトに表すことができます．

変数を型宣言なしで利用できる： 変数を使う前にあらかじめ型やサイズ決めなくてよいので効率良く作業を進められます．プログラムも短くて済みます．

プログラムをコンパイルなしで実行できる： プログラムの実行前にコンパイル（プログラムを実行可能な形式に変換すること）の作業が必要なく，すぐにプログラムの結果を確認できます．

GUIを持つプログラムを開発できる： GUIDEというツールを使ってGUIを持つプログラムを比較的簡単に開発することができます．デモンストレーションなどの場面で威力を発揮します．

ツールボックスで機能を拡張できる： 画像処理，信号処理から金融関係に至るまで幅広い分野のツールボックスが提供されており，目的に合わせて機能を拡張することができます．

世界中に多くの利用者がいる： 世界中のMATLABユーザーがインターネット上で情報を交換していますので，困ったときに有益な情報が得られることが多いです．

もちろん，求める機能，重視するポイントは人それぞれでしょう．しかし，これらの点を頭の片隅に置いてMATLABを使っていくと，「あれはこのことか！」と納得する瞬間があるのではないかと思います．

1.2 MATLABのデスクトップ

本節では，まずMATLABの起動および終了方法について説明します．次に，デスクトップの各部分の名称や役割，レイアウトの変更法について解説します．

☞ ここがポイント

デフォルトのデスクトップには，コマンドウィンドウ，現在のフォルダー，ワークスペースの各パネルが表示されます．

解説

　MATLAB は一般的なアプリケーションと同じようにして起動することができます．例えば，Windows 10 であれば，スタートボタンからすべてのアプリをクリックし，アプリケーションのリストの中から MATLAB を選択することによって起動することができます．一方，MATLAB を終了させるには，メニューから［MATLAB の終了］を選択したり，ウィンドウ右上端の［閉じる］ボタンをクリックしたりします．

　MATLAB を初めて起動すると，図 1.1 のようなデスクトップが表示されます．このデスクトップの上部には 3 つのタブ（ホーム，プロット，アプリケーション），ツールストリップ，現在のフォルダーツールバーがあります．その下には，現在のフォルダーとワークスペース，コマンドウィンドウの 3 つのパネルが表示されます．なお，MATLAB のバージョンによって初回起動時のレイアウトは若干異なります．

▶［ヒント］
　MATLAB を終了させる exit, quit というコマンドが用意されています．

▶［注］
　本書は MATLAB R2015b に基づいています．

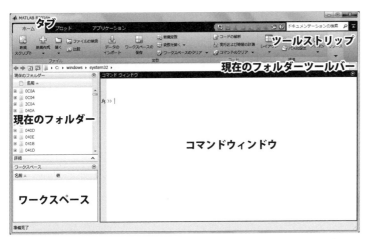

図 1.1　MATLAB のデスクトップ（初期状態のレイアウト）

　タブを選択することによってツールストリップに現れるアイコンが切り替わります．また，現在のフォルダーツールバーでは GUI 操作によってフォルダーを変更することができます．

　それぞれのパネルは以下のような役割を担います．

現在のフォルダーパネル：作業中のフォルダーに存在するフォルダーとファイルを表示します．作業中のフォルダーは現在のフォルダーツールバーで変更できます．

ワークスペースパネル：その時点でメモリー（ワークスペース）上に存在する変数に関する情報を表示します．

コマンドウィンドウパネル：コマンドやステートメントの入力や結果の表示に用います．実行履歴の表示も可能です．

変数については§1.7 で説明します．また，コマンドやステートメントは文字列による MATLAB に対する指令です．

パネルのレイアウトは好みや使い勝手に応じて自由に変更することができます．［ホーム］タブのツールストリップにある［環境］セクションから［レイアウト］を選択すると，レイアウトや表示項目の選択肢が表示されます．試しに［3 列］を選択してみましょう．すると，ワークスペースパネルが右側に移動し，3 つのパネルが 3 列に配置されます．

パネルはタブ状にして隠しておくこともできます．各パネルの右上隅にあるアイコンをクリックし，パネルのメニュー（図 1.2（左））を表示させ，［最小化］を選択すると，図 1.2（右）のようにタブの状態になります．これをクリックすると一時的にパネルが現れ，もう一度クリックすると再びタブ状になります．ディスプレイの小さい PC では特に便利な機能です．

図 1.2 （左）ワークスペースパネルのメニュー （右）ワークスペースパネルを最小化した状態

各パネルは独立したウィンドウとして表示させることも可能です．パネルのメニュー（図 1.2（左））の［ドックから出す］を選択すると，そのパネルを切り離して 1 つのウィンドウにすることができます．

レイアウトを色々試した後で初期状態（図 1.1）に戻したい場合には，［ホーム］タブの［環境］セクションから［レイアウト］を選択し，その中の［規定の設定］を選択します．

1.3 実行例の参照

MATLABには様々な実行例が用意されており，このソフトウェアでできることの全体像を知ることができます．さらに，使い方を解説する動画も提供されています．

> **☞ ここがポイント**
> こんなことはできないの？と思ったら実行例を探してみるのも有効です．

解説

［ホーム］タブの［リソース］セクションから［ヘルプ］→［例］を選択すると，図 1.3 のように実行例のリストが表示されます．ここでは，グラフィックスに関する例を見ることにします．左側に表示されている目次の中から「グラフィックス」を選択してください（図 1.4）．この中の「対話形式での基本プロットの作成」をクリックすると，Web ブラウザ上で動画が再生されます．動画中の音声は英語ですが，操作の様子を動画で見るとイメージが湧くのではないでしょうか．

図 1.3　MATLAB の例を起動した様子

次に，「3 次元プロットおよび 4 次元可視化」の中の「複雑な 3 次元オブジェクトの表示」を選択してください．すると，ティーポットのモデルに色をつけたり光を当てたりしていく例が表示されます．この説明の中に現れる図 1.5 のような文字列をコマンドもしくはステートメントといいます．これらを順にコマンドウインドウに入力していくと，例の通りに処理を進めることができます．

図 1.4 例の中のグラフィックスを選択した様子

```
[verts, faces, cindex] = teapotGeometry;
```

図 1.5 「複雑な 3 次元オブジェクトの表示」内のステートメントの例

　試しに，コマンドウィンドウにコマンドを入力して実行してみましょう．本書では，コマンドウィンドウにコマンドを入力するときには以下のように >> の後に続けて表記することにします．この >> を**プロンプト**といいます．

```
>> logodemo
```

　先頭の文字は数字の 1 ではなく，英字の l（エル）の小文字ですので気をつけてください．コマンド入力後に Enter キーを押すと，MATLAB のロゴとして使われている 3 次元グラフが表示されたウィンドウが現れます．

1.4　ドキュメンテーション（マニュアル）の参照

　MATLAB には詳しいドキュメンテーションが提供されていて，多くの疑問はこれを参照することによって解決できます．

ここがポイント

MATLAB の使い方に困ったらまずドキュメンテーションを検索しましょう．

解説

［ホーム］タブの［リソース］セクションから［ヘルプ］→［ドキュメンテーション］を選択すると，「すべての製品」というページが表示されます．そのページで「MATLAB（日本語）」を選択すると，図 1.6 のように MATLAB のドキュメンテーションが表示されます．ここには MATLAB に関する様々な情報が記載されています．右上の検索窓で情報を検索することもできます．

▶［注］
筆者が確認した限りでは，MATLAB R2015b の Windows 版ではドキュメンテーションを日本語で検索できますが，同 Mac OS X 版ではできないようです．

図 1.6　MATLAB のドキュメンテーション

ドキュメンテーションはコマンドでも呼び出すことができます．ドキュメンテーションのウィンドウを一旦閉じた後，プロンプトの後に doc と入力してみてください．

▶［注］
コマンドの入力後には Enter キーを押してください．

```
>> doc
```

doc の後に半角スペースを入力し，その後に続けて情報を調べたいコマンドを入力すると，それに関するドキュメンテーションを表示させることができます．例えば，以下のようにすれば plot というコマンドに関する情報が示されます．

```
>> doc plot
```

また，help というコマンドを使うことによってコマンドウィンドウ上にヘルプを表示させることができます．ただし，ヘルプよりもドキュメンテーションの方が情報が豊富です．

```
>> help plot
```

　では，ドキュメンテーションを参照して環境の設定をしてみましょう．目次から「デスクトップ環境」→「基本的な設定」→「フォントの変更」を開いてください．そして，その内容に従ってデスクトップコードフォントのサイズを18ポイントに設定してみてください．

　ドキュメンテーションには［ホーム］タブの［環境］セクションで［設定］をクリックし，［MATLAB］，［フォント］を選択すると書かれていますので，その通りやってみてください．すると，設定画面（図1.7）が表示されますので，デスクトップコードフォントのサイズを18ポイントに設定し，［適用］ボタンをクリックしてください．すると，コマンドウィンドウのフォントが18ポイントに設定されます．

図 1.7　フォントに関する設定画面

　なお，すでにお気づきの読者も多いと思いますが，前節で紹介した実行例もドキュメンテーションの一部です．

1.5　スカラーの計算

　コマンドウィンドウに計算式を入力することによって計算を行うことができます．まずは基本的な計算をやってみましょう．

> **☞ ここがポイント**
> コマンドウィンドウに数式を入力すると計算を実行することができます．

解説

　1.5，−0.2のように1個の数値で表される量を**スカラー**といいます．MATLABではこのほかにも**文字列**，**ベクトル**，**行列**などを取り扱うことができますが，ここではスカラーに絞ってその計算法を解説します．

　まずは加算をやってみましょう．コマンドウィンドウに以下のような式を入力し，最後にEnterキーを押してください．ここで利用できるのは半角文字のみです．また，式の中の半角スペースは結果に影響しません．

```
>> 1 + 2
```

　すると，以下のように計算結果が表示されます．Enterキーを押す操作が「計算結果を示せ」という指令になっています．ここで，ansはanswerの意味です．

```
ans =

    3
```

　このように，コマンドウィンドウに数式の通りに入力すれば計算結果が得られます．この計算例の＋のように演算の種類を示す記号を**演算子**と言います．表1.1にMATLABにおける**四則演算**と**べき乗**の演算子を示します．

表 1.1　四則演算とべき乗の演算子

演算	演算子
加算	+
減算	−
乗算	*
除算	/
べき乗	^

　これらの演算子を使った計算例をいくつか示しておきます．まず，2^3 は以下のように計算します．

```
>> 2 ^ 3

ans =

    8
```

　2つ以上の数の計算もできます．カッコは通常の計算におけるルールに従います．

```
>> 2.5 + 3 * 1.2

ans =

    6.1000

>> (2.5 + 3) * 1.2

ans =

    6.6000
```

1.6 関数の利用

コマンドウィンドウでは前節に示した演算子のほか，さまざまな関数を利用することができます．

☞ **ここがポイント**

関数に与える値を引数，得られる結果を戻り値といいます．

解 説

関数は，何らかの値（入力）を与えると，あらかじめ定められた規則に従ってそれを処理し，値（出力）を返すものです．中学校で習った1次関数も関数の一種です．例えば，$y = 2x$ は x に2を与えると，それを2倍して $y = 4$ を返す関数です．

MATLABの関数も入力に対して処理結果を返します．MATLABにはあらかじめ多くの関数が用意されており（**ビルトイン関数**ともいいます），それらを活用することによって高度な計算も実行できます．さらに，ビルトイン関数のみでなく，自作した関数やほかのMATLABユーザーが開発した関数を利用することもできます．

MATLABのビルトイン関数をドキュメンテーションで調べてみましょう．

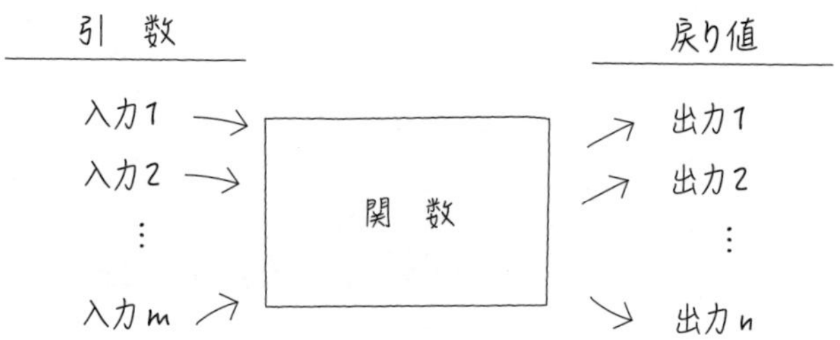

図 **1.8** 関数のイメージ

§1.4 に示した方法でドキュメンテーションを開き，目次から「数学」→「初等数学」の項目を選択してください．すると，「算術演算」，「三角法」，「指数と対数」などの分野の関数についての情報が得られます．

まず，「指数と対数」に記載されている平方根の関数 sqrt を使って $\sqrt{2}$ を求めてみます．sqrt は square root の意味です．$\sqrt{2}$ の 2 は sqrt に続く丸カッコの中に収めます．

```
>> sqrt(2)

ans =

    1.4142
```

このカッコの中の値を**引数**（ひきすう），関数から返される結果を**戻り値**といいます．

次に，ドキュメンテーションの「三角法」に含まれる関数を使って $\sin\left(\frac{\pi}{4}\right)$ を求めてみます．角度は**弧度法**（単位はラジアン）で与え，**円周率** π を pi と表します．また，分数は除算で表します．したがって，$\sin\left(\frac{\pi}{4}\right)$ は以下のようにして求めることができます．

```
>> sin(pi/4)

ans =

    0.7071
```

複数の値を引数にとる関数もあります．例えば，ドキュメンテーションの「記述統計」に含まれる max は，以下のように 2 つの引数のうちの大きい方を返します．

```
>> max(-1,3)

ans =

    3
```

このように複数の引数を指定する場合，先頭から順に**第 1 引数**，**第 2 引数**，… と呼びます．

なお，引数に応じて出力を返すという点においては，本節で紹介した関数と以前に紹介したコマンドとの間に本質的な違いはありません．そこで，本書ではこれらの語の使い分けをあまり厳密に考えないものとします．また，ステートメントという語は，戻り値，等号，引数などを含む MATLAB への指令の文

という意味で用います．

1.7 変数の利用

データに名前を付けて記録しておき再利用できるようにする仕組みを変数と言います．MATLAB を利用するにあたって重要な機能です．

> 👉 **ここがポイント**
> 変数を使うとデータに名前をつけて操作することができます．

解説

変数は，図 1.9 のように名前のついた箱にデータを入れておき，後からその名前を使ってデータを参照するというイメージで捉えるとよいでしょう．ちょうど，スマートフォンで電話をかけるときに電話番号を入力するのではなく，アドレス帳の氏名を選択することによって電話をかけるようなものです．なお，ここではスカラーの例を示しますが，変数には 2 章で紹介する配列や文字列などを入力することもできます．

図 **1.9** 変数のイメージ

ここでは a という名前の変数に 1 を割り当ててみましょう．この操作を代入といいます．

```
>> a = 1

a =

     1
```

変数名には 1 文字以上の英数字とアンダーバーを使うことができます．ただし，大文字と小文字は区別され，変数名の先頭に数字を使うことはできません．したがって，変数 data と変数 Data は別の変数と見なされます．また，途中に数字を含む x_1st という変数名を使うことはできますが，数字から始まる 1st_x

という変数名は使うことができません．

ここでワークスペースパネル（§1.2 参照）を見てください．図 1.10 に示すように，変数 a の値が 1 であることが示されています．このように，変数に値を代入すると，ワークスペースパネル上にその変数が表示されます．ワークスペースとは MATLAB で使用中の変数を保存しておくメモリー領域で，ワークスペースパネルはそこに存在する変数に関する情報を示すパネルなのです．

図 1.10　ワークスペースパネル上の変数

なお，このリストには ans という変数も表示されていますが，これは前節の計算例に現れていた ans です．ans はシステムにより自動的に設定される変数です．

変数の使用例を 1 つ示しておきます．半径 $r = 3$ の円の面積 S を求めるには以下のように実行します．

```
>> r = 3

r =

     3

>> S = pi * r ^ 2

S =

    28.2743
```

変数の値は**浮動小数点**形式で作ることもできます．例えば，1.2×10^6 は，仮数の後に E もしくは e を続け，さらに符号とともに指数を入力します．このとき，E もしくは e 以降にスペースを入れるとエラーになります．

▶ [ヒント]
　1.2×10^6 の仮数は 1.2 で指数は +6 です．

```
>> b = 1.2E+6

b =

     1200000
```

また，虚数単位 $(=\sqrt{-1})$ を表す i もしくは j を用いて**複素数**を表すこともできます．例えば，$2.4+0.5i$ は以下のようにして入力します．数字と i もしくは j の間にスペースを入れることはできません．

```
>> c = 2.4 + 0.5i
c =
   2.4000 + 0.5000i
```

このように複素数も直感的に取り扱えるようになっています．

作成した変数を削除するには clear というコマンドで変数を指定します．例えば，上記の変数 a を削除するには，以下のように実行します．

```
>> clear a
```

ワークスペース上のすべての変数を削除するには，以下のように実行します．

```
>> clear
```

変数はワークスペースパネルでも削除することができます．変数を選択し，マウスの右ボタンクリックによりメニューを表示させ，[削除]を選択します．

ところで，C や Java などでのプログラミング経験のある読者は「型宣言はいらないのか？」という疑問を持たれたかもしれません．基本的に MATLAB では変数の型宣言は不要ですが，変数の型が意味を持つ場面は存在します．

1.8 コマンドウィンドウの操作

コマンドウィンドウには，入力の手間を省き，入力ミスを減らすための機能が用意されています．効率の良い入力方法を覚えましょう．

> ☞ **ここがポイント**
> コマンドウィンドウでは履歴，検索，補完などの機能を使って効率的に入力できます．

解説

コマンドウィンドウのプロンプトでキーボードの上矢印キーを押すと，図1.11（左）のように小さいウィンドウが現れます．この中には過去に実行したステートメントの**履歴**が古い順に表示されています．この履歴のうち1つをダブルク

リックするか，もしくは選択した状態で Enter キーを押すと，そのコマンドが再び実行されます．この機能を使えば過去に実行したコマンドをもう一度実行するときに入力の手間を省くことができます．

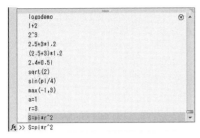 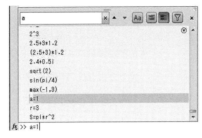

図 1.11 （左)履歴の表示（右)履歴の検索

履歴は検索することもできます．このウィンドウの右上隅にあるメニューから［検索］を選択すると，図 1.11（右)のように検索窓が表示され，過去に実行したステートメントを探すことができます．

再実行したいステートメントの先頭の文字がわかっている場合には，その文字を入力した後に上矢印キーを押してみてください．すると，その文字から始まる履歴が表示され，続けて上矢印キーを押すと，その文字で始まる履歴が次々と選択されます．

また，コマンドウィンドウでは関数を参照したり検索したりすることができます．プロンプトの左にある "fx" というアイコンをクリックすると，図 1.12 のようなウィンドウが現れます．このウィンドウにはドキュメンテーションと同じ項目が表示され，関数のリストを参照したり，検索窓で関数を検索したりすることができます．関数の名称の上にマウスポインタを置くと，図 1.13 のようにポップアップウィンドウに情報が現れます．

探している関数名の先頭の文字がわかっている場合には，**補完（コンプリーション）**の機能が使えます．例えば，プロンプトに c を入力し，タブキーを押してください．すると，小さなウィンドウに c から始まる関数がリストアップ

図 1.12 関数の参照

図 1.13　関数に関するポップアップウィンドウ

され（図 1.14），そのリストから目的の関数を選択することができます．最初に入力する文字を増やしてから（例えば co）タブキーを押せば，表示される関数が絞り込まれます．

この節で説明した機能を活用して入力の手間やミスを減らせば，作業の効率が格段に向上するはずです．

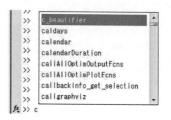

図 1.14　c から始まる関数についての補完リスト

1章 演習問題

問題 1

半径 r の球の表面積 S は $S = 4\pi r^2$ で求められ，体積 V は $V = \frac{4}{3}\pi r^3$ で求められる．$r = 5$ のときの表面積 S および体積 V を求めよ．

問題 2

$x = 12.56$ を引数にして関数 `round`, `ceil`, `floor` を実行したときの結果の違いを比較し，それぞれの関数の機能を確認せよ．

問題 3

関数 `abs` を用いて複素数 $x = 1 - 2i$ の絶対値を求めよ．また，関数 `real` と `imag` を用いて x の実数部と虚数部を求めよ．

問題 4

平面上の 2 点 $p_1 = (x_1, y_1)$, $p_2 = (x_2, y_2)$ の間のユークリッド距離 D は $D = \sqrt{(x_1 - x_2)^2 + (y_1 - y_2)^2}$ で求められる．$x_1 = 1$, $y_1 = 1$, $x_2 = 2$, $y_2 = 3$ のときの点 p_1, p_2 間のユークリッド距離 D を求めよ．

問題 5

剰余（除算の余り）を求める関数 `mod` を用いて任意の整数の 1 の位を変数 `x` に代入する方法を考えよ．

第2章　データ構造

[ねらい]

　コンピューターにおける処理ではデータをどのような構造で表現するのかが重要です．適切なデータ構造を用いることによって，作業効率が良くなったり，プログラムが作りやすくなったりします．この章ではベクトルや行列をはじめとする MATLAB のデータ構造について解説します．

[この章の項目]

　　ベクトル（1次元配列）
　　行列（2次元配列）
　　行列・ベクトルの演算
　　多次元配列
　　構造体，構造体の配列
　　セル配列

2.1 ベクトル

本章は,基本的なデータ構造であるベクトルの説明からスタートします.線形代数の初歩的な知識があることが望ましいですが,わからないことがあっても気にせず実行例を試してみてください.

> 👉 **ここがポイント**
> ベクトルは複数のデータを1列に並べた構造を持ちます.配列と呼ばれるデータ構造の一種です.

解説

データの入った複数の箱をひとまとまりにしたようなデータ構造を**配列**といいます.特に,図2.1のように箱を1列に連結したイメージで表される配列を**1次元配列**と呼びます.それぞれの箱の中身を**要素**といい,配列の名前と**添字**(個々の箱に付けられた番号)を使って参照することができます.なお,MATLABでは添字は1から始まります.

▶ [ヒント]
C などのプログラミング言語では配列の添字は 0 から始まりますが,MATLAB では 1 から始まります.

図 2.1 1 次元配列(ベクトル)のイメージ

MATLAB では1次元配列を**ベクトル**と呼びます.単に呼び名がベクトルというだけでなく,線形代数におけるベクトルの計算規則に従う点が大きな特徴です.

ベクトルというと,高校で習った平面(2次元)ベクトルや空間(3次元)ベクトルのように要素が2つもしくは3つのものを思い出すかもしれません.しかし,ベクトルの要素数は4以上でもよく,例えば10次元ベクトルを考えることもできます.

ベクトルは要素を1列に並べて表記しますが,その並べ方は図2.2のように横方向と縦方向があります.横方向に並べたものを**行ベクトル**,縦方向に並べたものを**列ベクトル**と呼びます.図2.2(左)のベクトル v_1 は行の数が1,列の数が5であるので$1×5$のベクトルと呼ばれ,図2.2(右)のベクトル v_2 は行の数が5,列の数が1であるので$5×1$のベクトルと呼ばれます.この「行数×列数」を**サイズ**または**次元**といいます.また,要素の個数を**要素数**といいます.

$$\mathbf{v_1} = (1\ 2\ 3\ 4\ 5) \qquad \mathbf{v_2} = \begin{pmatrix} 1 \\ 2 \\ 3 \\ 4 \\ 5 \end{pmatrix}$$

図 2.2 （左）行ベクトルと（右）列ベクトル

では，MATLAB でベクトルを作り，それを変数に代入する手順を説明します．行ベクトルは，ブラケット（[と]）の間に半角スペースで区切った要素を入力することによって作成できます．まずは，図 2.2（左）の行ベクトルを作ってみましょう．

▶ [ヒント]
代入とは変数に値を割り当てる操作です（§1.7 参照）．

```
>> v1 = [1 2 3 4 5]

v1 =

     1     2     3     4     5
```

Enter キーを押すと，ベクトルの要素が横に並んで表示され，行ベクトルであることを表しています．

次に，図 2.2（右）の列ベクトルを作ってみましょう．列ベクトルでは各要素の間に改行を意味するセミコロンを挿入します．

```
>> v2 = [1; 2; 3; 4; 5]

v2 =

     1
     2
     3
     4
     5
```

Enter キーを押すと，ベクトルの要素が縦に並んで表示され，列ベクトルであることを表しています．

ここまで同じように入力していただいた読者は，ワークスペースパネルを確認してください．変数 v1 と v2 が表示されているはずです．そして，このパネルのメニューの [列選択]（図 2.3（左））から [サイズ] を選択すると，図 2.3（右）のように各ベクトルのサイズも表示されるようになります．ワークスペースパ

ネルのサイズの項目で 1×5 と表示されているのは要素数が 5 の行ベクトルを意味し，5×1 は要素数が 5 の列ベクトルを意味します．

図 2.3 （左）ワークスペースパネルのメニュー（右）サイズが表示されたワークスペース

変数のサイズはコマンドでも調べることができます．プロンプトに whos と入力すると，以下のように変数の名前やサイズなどの情報が得られます．

```
>> whos
  Name      Size            Bytes  Class     Attributes

  v1        1x5                40  double
  v2        5x1                40  double
```

列ベクトルは，行ベクトルを**転置**することによって作ることもできます．転置とは行と列を入れ替える操作です．以下のように，ベクトルに**シングルクォーテーション**をつけると転置されます．

```
>> v2 = [1 2 3 4 5]'

v2 =

     1
     2
     3
     4
     5
```

ベクトルの要素としては以下のように複素数や関数も利用できます．

```
>> v3 = [1.2i 1-0.5i]

v3 =

   0.0000 + 1.2000i   1.0000 - 0.5000i

>> v4 = [sin(0) sin(pi/4) sin(pi/2) sin(3*pi/4) sin(pi)]

v4 =

        0    0.7071    1.0000    0.7071    0.0000
```

このほか，1文字以上の文字が連続した**文字列**も入力可能です．ただし，文字列と数値を混在させたベクトルを作ることはできません．また，行ベクトルと列ベクトルでは文字列の取り扱いに違いがあります．

▶ [ヒント]
数値と文字列を混在させる必要がある場合には構造体（§2.11 参照）やセル（§2.12 参照）を使います．

行ベクトルの要素として複数の文字列を入力すると，それらが連結された1つの文字列が生成されます．以下の例を試してみてください．なお，MATLABでは文字列をシングルクォーテーションで囲んで入力します．

```
>> v5 = ['Sunday' 'Monday' 'Tuesday']

v5 =

SundayMondayTuesday
```

上のステートメントを実行すると，連結された1つの文字列が得られます．3つの文字列を入力したつもりが1つになってしまうのは一見不都合に感じられます．しかし，この機能を活用することによって，希望する文字列を作り出すことができます．そのことについては後の章で解説します．

次に，上の文字列で列ベクトルを作ってみましょう．すると，以下のようにエラーになってしまいます．

```
>> v6 = ['Sunday'; 'Monday'; 'Tuesday']
連結する行列の次元が一致しません．
```

これは3つの要素の文字列の長さがそろっていないことによるエラーです．文字列の列ベクトルを作る場合には，以下のように文字列の長さを一定にしなければなりません．

```
>> v6 = ['Sun'; 'Mon'; 'Tue']

v6 =

Sun
Mon
Tue
```

2.2 コロン演算子によるベクトルの生成

前節ではベクトルの要素を1つ1つ入力していましたが，それでは手間がかかります．そこで，特別な演算子を使ってベクトルを生成する方法が用意されています．

> ☞ **ここがポイント**
>
> コロン演算子を使ってベクトルを自動生成することができます．
>
> 初期値：きざみ値：最終値
>
> きざみ値が1の場合には第2項を省略できます．
>
> 初期値：最終値

解 説

1から100まで100個の整数から成るベクトルが必要になったとき，コマンドウィンドウに1つ1つ数字を入力しなければならないとしたら効率が悪くて仕事になりません．そこで，MATLABにはこのような作業を簡単に行うための仕組みがいくつか用意されています．

本節では，**コロン演算子を使ったベクトルの生成法**を説明します．コロンを使って**初期値：きざみ値：最終値**と指定すると，初期値から最終値までのベクトルが生成されます．

具体例を見てみましょう．次の例では，初期値1から1ずつ増えて最終値5までのベクトルが変数 a に代入されています．

```
>> a = 1:1:5

a =

     1     2     3     4     5
```

きざみ値は実数であれば整数以外でも負の値でもかまいません．以下に，きざみ値を 0.2，−2 にした例を示します．

```
>> b = 0:0.2:1

b =

         0    0.2000    0.4000    0.6000    0.8000    1.0000

>> c = 4:-2:-2

c =

     4     2     0    -2
```

また，コロン演算子によるベクトル生成において，きざみ値が 1 の場合に限り，きざみ値を省略して**初期値：最終値**の形で指定することができます．

```
>> d = 1:5

d =

     1     2     3     4     5
```

上の例のように，コロン演算子を使って生成されるのは行ベクトルですが，列ベクトルが必要であればシングルクォーテーションを用いて転置 (§2.1) を行います．このとき，ベクトル生成部全体を丸カッコまたはブラケットで囲む必要があります．

```
>> e = (1:5)'

e =

     1
     2
     3
     4
     5
```

コロン演算子を用いたベクトルの生成は，慣れれば便利で手放せなくなります．ところが，このような仕組みを採用するソフトウェアやプログラミング言語が少ないためか，理解に苦労する方が多いようです．MATLAB のキモとも言えるポイントですので，使いこなせるようにしておいてください．

2.3　関数によるベクトルの生成

ここでは関数を用いてベクトルを生成する方法を解説します．あわせて，出力表示の抑制についても説明します．

> **☞ ここがポイント**
> zeros や ones などの関数でベクトルを生成することができます．

解説

全ての要素が 0 もしくは 1 のベクトルを生成する関数として，それぞれ zeros と ones があります．これらは，第 1 引数に行数，第 2 引数に列数を指定します．まず，全ての要素が 0 の要素数 5 の行ベクトル（1×5 のベクトル）を生成する例を示します．

```
>> a = zeros(1,5)

a =

     0     0     0     0     0
```

また，全ての要素が 1 の要素数 3 の列ベクトル（3×1 のベクトル）を生成するには次のように実行します．

```
>> b = ones(3,1)

b =

     1
     1
     1
```

行数と列数の指定法としては，上記のように第 1 引数，第 2 引数として与える方法のほか，下記のようにベクトルを与える方法も使うことができます．

```
>> a2 = zeros([1 5])

a2 =

     0     0     0     0     0
```

次に，linspace を用いたベクトル生成について説明します．この関数は第

第 1 引数の数値から第 2 引数の数値までの範囲で等間隔のベクトルを生成します．分割数は第 3 引数で指定できます．以下の例では，0 から 2π までを 5 分割しています．

```
>> r = linspace(0,2*pi,5)
r =
         0    1.5708    3.1416    4.7124    6.2832
```

第 3 引数を省略すると，第 1 引数と第 2 引数の間が 100 分割されます．その例を実行すると 100 個の数字が表示されてしまいますので，ここで**出力表示の抑制**を導入します．以下のように行末に**セミコロン**を入力すると，数値がコマンドウィンドウに表示されなくなります．

```
>> c = linspace(0,10);
```

では，後から変数 c の値を知りたくなった場合にはどのようにすればよいのでしょうか．その場合には，変数名を入力して Enter キーを押せば全ての要素が表示されます．

```
>> c
c =
（表示は略）
```

セミコロンを使うと，以下のように 1 行に複数のステートメントを連続して入力することもできます．

```
>> s = 0; e = 1; n = 5;
>> d = linspace(s,e,n)
d =
         0    0.2500    0.5000    0.7500    1.0000
```

この例では変数を使ってベクトルの生成を行っています．1 行目の s = 0 と e = 1 の後にセミコロンが入力されているため，ステートメントを続けて入力できています．一方，2 行目の行末にはセミコロンが入力されていないため，変数 d の値がコマンドウィンドウに表示されています．

2.4 ベクトルの要素指定

ベクトルのそれぞれの要素は添字を用いて参照できます．指定した要素を表示したり，その値を変更したりすることができます．

> ☞ **ここがポイント**
> ベクトルを表す変数名の後に丸カッコで囲んだ添字を書くと要素を参照することができます．先頭要素に対応する添字は 1 です．

解 説

§2.1 で述べたように，ベクトルは 1 列に連結された箱のイメージで捉えることができます．そして，それぞれの箱には 1 から順に番号がふられています．ベクトルの各要素はこの番号（添字）を使って参照することができます．

ベクトル v の n 番目の要素は丸カッコを用いて v(n) と表されます．次の例では変数 v の先頭の要素を別の変数 a に代入しています．

```
>> v = 0:2:10

v =

     0     2     4     6     8    10

>> a = v(1)

a =

     0
```

次の例では，末尾（6 番目）の要素に 20 を代入しています．つまり，v(6) の値を 20 で置き換えています．

```
>> v(6) = 20

v =

     0     2     4     6     8    20
```

添字の指定にはベクトルを使うことができます．つまり，以下のように，丸カッコの中でベクトルを利用することができるのです．

```
>> c = v([1 2 3])

c =

     0     2     4
```

この例では，v の 1～3 番目の要素を c に代入しています．

コロン演算子 (§2.2) を使って生成したベクトルも添字として利用できます．以下に 3 つの例を挙げます．

```
>> d = v(1:3)

d =

     0     2     4

>> e = v(1:2:5)

e =

     0     4     8

>> f = v(6:-1:1)

f =

    20     8     6     4     2     0
```

▶ [ヒント]
　この例の添字は [1 2 3] です．

▶ [ヒント]
　この例の添字は [1 3 5] です．

▶ [ヒント]
　この例の添字は [6 5 4 3 2 1] です．

上のような出力が得られる理由をじっくり考えてみてください．わからない部分があればコロン演算子の説明 (§2.2) に戻ってもう一度考えてみてください．

2.5　行列

モノクロ画像の各点の画素値や全生徒の各教科の成績のように 2 次元的な広がりを持つデータがあります．このようなデータを取り扱うデータ構造について解説します．

> ☞　**ここがポイント**
> 　行列はベクトルを拡張してデータを 2 次元に並べた構造を持ちます．行列も配列の一種です．

解説

ベクトル（1次元配列）はデータを1行もしくは1列に配置したデータ構造でした．これを図2.4に示すように平面状に，つまり2次元に拡張したデータ構造を**2次元配列**と言います．MATLABでは2次元配列を**行列**と呼び，その計算においては線形代数における行列の計算規則に従います．

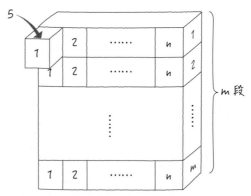

図 2.4 2次元配列（行列）のイメージ

MATLABで行列を入力する際には，行ベクトルと列ベクトルの入力方法を組み合わせて入力します．つまり，行内の要素を半角スペースで区切り，各行をセミコロンで区切り，全体をブラケットで囲みます．

具体例を見てみましょう．ここでは以下の3×3行列を対象にします．

▶ [ヒント]
行数と列数を用いて（行数）×（列数）行列のように表します．

$$\mathbf{A} = \begin{pmatrix} 1 & 2 & 3 \\ 4 & 5 & 6 \\ 7 & 8 & 9 \end{pmatrix} \tag{2.1}$$

これをMATLABのワークスペース上で作成するには，以下のように実行します．

```
>> A = [1 2 3; 4 5 6; 7 8 9]

A =

     1     2     3
     4     5     6
     7     8     9
```

ここで，ワークスペースパネルに目を移してください．図2.3（p.22参照）のようにサイズを表示してあれば，変数Aのサイズが3×3であることを確認できるはずです．

ベクトルの生成で用いたコロン演算子や関数を用いて行列を作ることもでき

ます．例えば，式 (2.1) の行列は以下のようにすると入力できます．

```
>> A = [1:3; 4:6; 7:9];
```

また，`zeros`, `ones`, `rand` などの関数は，引数に行数と列数を指定することによって行列を生成することができます．

```
>> B = zeros(2,5);
>> C = ones(4);
>> D = rand(8,3);
```

2 行目のように引数を 1 つにすると，行数と列数が等しい**正方行列**が返されます．つまり，

```
>> C = ones(4,4);
```

▶ [ヒント]
　魔方陣を生成する `magic` という関数もあります．

とするのと同じ結果が得られます．また，ベクトルの生成（§2.1 参照）のときと同様に引数としてベクトルを利用することもできます．

　行列の入力などでコマンドウィンドウへの入力が長くなってしまう場合，3 連ピリオド (...) を行末に入力すると，ステートメントを次の行に継続することができます．

```
>> M = [0.6557 0.9340 0.7431 0.1712 0.2769 0.8235;...
0.0357 0.6787 0.3922 0.7060 0.0462 0.6948;...
0.8491 0.7577 0.6555 0.0318 0.0971 0.3171]
```

この規則は行列の入力以外でも適用されます．ステートメントを見やすくする効果もありますので覚えておくとよいでしょう．

2.6　行列の要素指定

　行列の各要素は添字を使って表示したり代入したりすることができます．コロン演算子を使った要素指定も可能です．

── ☞ **ここがポイント** ──
行列の要素は行と列の 2 つの添字によって指定できます．

解説

　行列 M の m 行目の n 列目の要素は，`M(m,n)` で参照することができます．以下の 3×5 行列を例に試してみましょう．

$$\mathbf{M} = \begin{pmatrix} 1.1 & 1.2 & 1.3 & 1.4 & 1.5 \\ 2.1 & 2.2 & 2.3 & 2.4 & 2.5 \\ 3.1 & 3.2 & 3.3 & 3.4 & 3.5 \end{pmatrix} \quad (2.2)$$

わかりやすくするために，一の位を行，小数点第一位を列の番号に対応させています．

まず，式(2.2)の行列をワークスペース上に作成します．

```
>> M = [1.1:0.1:1.5; 2.1:0.1:2.5; 3.1:0.1:3.5];
```

1行目の1列目の要素は次のように丸カッコを用いて参照できます．

```
>> M(1,1)

ans =

    1.1000
```

次に，3行目の5列目を2倍する例を示します．

```
>> M(3,5) = 2 * M(3,5);
```

ベクトルの場合と同じく，添字にベクトルを使うことによって，複数の要素を参照することができます．まず，1行目の1～3列目の要素を変数に代入する例を示します．

```
>> v1 = M(1,[1 2 3])

v1 =

    1.1000    1.2000    1.3000
```

以下のように，行，列ともベクトルで指定することも可能です．

```
>> m = M(2:3,1:2)

m =

    2.1000    2.2000
    3.1000    3.2000
```

全ての行もしくは列を指定する場合には，数字を省略してコロン演算子だけで表すことができます．いくつか例を挙げましょう．まず，1行目の全ての要

素を参照するには，列に対応する添字をコロン演算子にします．

```
>> v2 = M(1,:)

v2 =

    1.1000    1.2000    1.3000    1.4000    1.5000
```

これは，v2 = M(1,1:5) を実行することと同じなのですが，全ての要素を指定する場合，コロン演算子だけで済ませることができます．

次の例では 1〜2 列目の全ての要素に 0 を代入しています．MATLAB では，この例のように一度に複数の要素へ値を代入することができます．

▶ [ヒント]
M(3,5) は前ページで 2 倍されています．

```
>> M(:,1:2) = 0

M =

         0         0    1.3000    1.4000    1.5000
         0         0    2.3000    2.4000    2.5000
         0         0    3.3000    3.4000    7.0000
```

コロン演算子を使った要素指定は多用されますので，十分に慣れるようにしてください．

2.7 ベクトル・行列の演算

MATLAB のベクトルや行列の計算は，ほかのプログラミング言語の配列と異なる点がいくつかあります．それらを使いこなすと効率良く処理ができます．

― ☞ ここがポイント ―
行列は線形代数の規則に従って計算できるほか，要素単位の演算ができます．ベクトルは行列の一種として取り扱われます．

解 説

MATLAB における行列の演算では表 2.1 に示す演算子を用いることができます．これらは，線形代数の規則に基づく演算と**要素単位の演算**に大別されます．これらはそれぞれ**行列演算**，**配列演算**とも呼ばれます．なお，ベクトルは行数もしくは列数が 1 の行列と見なすことができ，これらの演算子を利用可能です．

表 2.1 行列の演算において利用できる演算子

	演算	演算子
線形代数の規則に基づく演算（行列演算）	加算	+
	減算	-
	乗算	*
	右から除算	/
	左から除算	\
	べき乗	^
要素単位の演算（配列演算）	乗算	.*
	右から除算	./
	左から除算	.\
	べき乗	.^

本節では，線形代数の規則に基づく演算について解説します．上の表のうち，加算と減算は同じサイズの行列同士，もしくは行列とスカラーとの間で実行可能です．前者の例を以下に示します．

```
>> A = [1 2 3; 4 5 6];
>> B = [2 4 8; 1 3 5];
>> C = A + B

C =

     3     6    11
     5     8    11
```

一見何の不思議もない処理に見えますが，ここには行列を直接使って計算できるという MATLAB の特徴が現れています．一般的なプログラミング言語で配列同士の計算を行おうとすると，配列の先頭から1つずつ要素を参照して計算する繰返し処理を行わなければなりません．それに対して，上の処理ではその手順を省いて一気に計算できています．

次に，行列とスカラーの加減算について説明します．今，行列 **A** の全ての要素に 5 を加算したいとします．このとき，行列同士の加算しか許されなければ，**A** と同じ次元を持ち，全ての要素が 5 の行列を作って加算する必要があります．ところが，MATLAB では同じ処理を以下のようにして行列とスカラーの直接計算によって実行することができます．

```
>> A = [1 2 3; 4 5 6];
>> B = A + 5;
```

乗算は，行列同士もしくは行列とスカラーの間で実行可能です．前者については，行列 $\mathbf{A}$ の列数と行列 $\mathbf{B}$ の行数が同じ場合にのみ計算することができます．一例として，3×2 行列 $\mathbf{A}$ と 2×3 行列 $\mathbf{B}$ の積を求める処理を示します．

```
>> A = [1 2; 3 4; 5 6];
>> B = [1 2 3; 4 5 6];
>> A * B

ans =

     9    12    15
    19    26    33
    29    40    51
```

ベクトル同士の乗算の例も示しておきます．この場合もベクトル $\mathbf{a}$ の列数とベクトル $\mathbf{b}$ の行数が同じ場合にのみ乗算が可能です．つまり，行ベクトルと列ベクトルもしくは列ベクトルと行ベクトルの間で乗算ができるということです．以下では前者の例を示しています．

```
>> a = 1:5;
>> b = 2:2:10;
>> a * b'

ans =

   110
```

b' は b を転置したもので，列ベクトルです．転置するベクトルを逆にして a'*b を計算したらどういう結果が得られるでしょうか．予想を立ててから実際に試してみてください．

また，行列にスカラーを乗じた場合には，各要素にそのスカラーを乗じた行列が得られます．ones を使った例を示します．

```
>> 5 * ones(3)

ans =

     5     5     5
     5     5     5
     5     5     5
```

▶ [ヒント]
　ones(3) は全ての要素が 1 の 3×3 行列を返します．

除算には**右から除算**と**左から除算** の 2 種類があります．2 つの行列 $\mathbf{A}$, $\mathbf{B}$ の右から除算は，行列 $\mathbf{A}$ に行列 $\mathbf{B}$ の逆行列 $\mathbf{B}^{-1}$ をかける操作です．また，以下

のように，行列をスカラーで右から除算した場合には，各要素をそのスカラーで割った行列が得られます．

```
>> ones(3) / 2

ans =

    0.5000    0.5000    0.5000
    0.5000    0.5000    0.5000
    0.5000    0.5000    0.5000
```

一方，左から除算は少し説明が必要です．次の 2 元 1 次の連立方程式を解くことを考えます．

$$\begin{cases} x_1 + x_2 = 5 \\ 5x_1 + 2x_2 = 16 \end{cases} \tag{2.3}$$

この連立方程式は行列とベクトルを使って以下のように表すことができます．

$$\begin{pmatrix} 1 & 1 \\ 5 & 2 \end{pmatrix} \begin{pmatrix} x_1 \\ x_2 \end{pmatrix} = \begin{pmatrix} 5 \\ 16 \end{pmatrix} \tag{2.4}$$

ここで，それぞれの行列とベクトルを以下のようにおきます．

$$\mathbf{A} = \begin{pmatrix} 1 & 1 \\ 5 & 2 \end{pmatrix} \quad \mathbf{x} = \begin{pmatrix} x_1 \\ x_2 \end{pmatrix} \quad \mathbf{y} = \begin{pmatrix} 5 \\ 16 \end{pmatrix}$$

すると，式 (2.4) は $\mathbf{Ax} = \mathbf{y}$ と表すことができます．この式の両辺の左から逆行列 $\mathbf{A}^{-1}$ をかけると $\mathbf{x}$ の値を得ることができます．式を書くと以下のようになります．

$$\mathbf{A}^{-1}\mathbf{Ax} = \mathbf{A}^{-1}\mathbf{y} \tag{2.5}$$

$$\mathbf{x} = \mathbf{A}^{-1}\mathbf{y} \tag{2.6}$$

▶ [ヒント]
Mac OS X では option キー＋¥キーでバックスラッシュを入力できます．Windows では¥キーで入力される¥マークをそのまま使用できます．

この計算を行うのが左から除算の演算子です．以下に MATLAB で計算する手順を示します．

```
>> A = [1 1; 5 2];
>> y = [5; 16];
>> x = A \ y          % Windows の場合 x = A¥y でよい

x =

    2
    3
```

このようにして，1 度の計算で上記の連立方程式の解 $(x_1, x_2) = (2, 3)$ が得られ

ました.

2.8 ベクトル・行列の要素単位の演算

要素単位の演算は，ベクトルや行列に対する重み付けの処理など様々な場面で活用できます．ぜひとも覚えてほしい機能です．

> ☞ **ここがポイント**
> 2つの行列の対応する要素ごとに計算する演算子が用意されています．
> ベクトルは行列の一種として取り扱われます．

解説

ベクトル同士や行列同士の計算においては，2つの行列の対応する要素の間で乗算や除算を行いたいという場面に出会うことがあります．例えば，以下のような計算です．

```
>> a = [1 2 3; 4 5 6];
>> b = [2 4 6; 8 10 12];
>> c1 = [a(1,1)*b(1,1) a(1,2)*b(1,2) a(1,3)*b(1,3);...
a(2,1)*b(2,1) a(2,2)*b(2,2) a(2,3)*b(2,3)]

c1 =

     2     8    18
    32    50    72
```

▶ [ヒント]
行末に3連ピリオドを入力すると，ステートメントを次の行に継続できます（§2.5参照）．

この演算は，前節で解説した線形代数の規則に基づく乗算ではありません．このような計算を簡単に行うために，MATLABには要素単位の演算（配列演算）と呼ばれる演算が用意されています．このとき使用するのが，表2.1（p.34参照）に示されているピリオド付きの演算子です．

要素単位の演算は同じ次元の行列同士，もしくは行列とスカラーの間で実行可能です．今，次元の等しい2つの行列AとBがあるとすると，表2.1の要素単位の演算はそれぞれ以下の計算を行います．

- 要素単位の乗算　　　　$A(m,n) \times B(m,n)$
- 要素単位の右から除算　$A(m,n) \div B(m,n)$
- 要素単位の左から除算　$B(m,n) \div A(m,n)$
- 要素単位のべき乗　　　$A(m,n)^{B(m,n)}$

上の乗算を要素単位の演算で実行すると次のようになります．

```
>> c2 = a .* b

c2 =

     2     8    18
    32    50    72
```

c2 の値が上で求めた c1 の値と一致することがわかります．この計算を図で表すと図 2.5 のようになります．

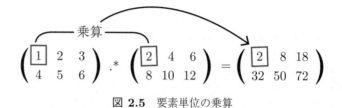

図 2.5 要素単位の乗算

要素単位のべき乗は行列とスカラーの間でも実行可能です．

```
>> d = a .^ 2 ;
```

a と 2 を入れ替えて 2.^a を計算したらどのような結果が得られるでしょうか．予想を立ててから実行してみてください．

2.9 ベクトル・行列と関数

ベクトルや行列に関する関数が豊富に用意されているのが MATLAB の 1 つの特長です．ここではそのごく一部を紹介します．

☞ ここがポイント

関数の引数としてベクトルや行列を与えることができます．

解 説

はじめに，関数を用いたベクトルの処理例を示します．まず，length はベクトルの要素数を返す関数です．

```
>> a = 1:3;
>> len = length(a)

len =

     3
```

max はベクトルの要素中の最大値を返します．

```
>> val = max(a)

val =

     3
```

max で戻り値を 2 つ指定すると最大値とそれに対応する添字（ベクトルの何番目の要素に最大値があるか）が得られます．複数の戻り値を得るには，次のように変数をブラケットで囲んで指定します．

```
>> [val,index] = max(a)

val =

     3


index =

     3
```

▶ [ヒント]
　max のように戻り値の個数によってふるまいが変わる関数があります．

1 つ目の戻り値はベクトル a 内の最大値で，2 つ目の戻り値はその最大値に対応する添字です．つまり，a(3) が最大値 3 をとるということを意味します．

　次に，関数を用いた行列の処理例を示します．まず，行列のサイズを返す関数として size があります．

```
>> mx1 = [1:5; 6:10; 11:15];
>> s = size(mx1)

s =

     3     5
```

size の戻り値はベクトルです．したがって，この戻り値を使うと，行列 mx1 と同じサイズを持ち，全ての要素が 0 の行列を簡単に作ることができます．

```
>> mx2 = zeros(s);
```

　もしくは，変数 s を介さずに以下のようにして生成することも可能です．よく使われるテクニックですので覚えておくとよいでしょう．

```
>> mx2 = zeros(size(mx1));
```

上述した max の引数に行列を与えるときには注意が必要です．行列の全要素の最大値が得られるのではなく，以下のように各列の最大値から成る行ベクトルが得られるためです．

```
>> val = max(mx1)
val =
    11    12    13    14    15
```

そのため，行列の全要素の最大値を求めたい場合には，以下のように max を二重に使用する必要があります．

```
>> val = max(max(mx1))
val =
    15
```

逆行列や固有値など線形代数に関する関数も多数用意されていますが，とても全ては紹介できませんので，必要な読者はドキュメンテーションの「線形代数」の項目を参照してください．

2.10 多次元配列

2次元配列（行列）を拡張して3次元配列，それをさらに拡張して4次元配列，… と拡張することができます．

☞ **ここがポイント**
配列の次元が増えても操作の基本は行列と同じです．

解　説

2次元を超える配列を総称して**多次元配列**といいます．例えば，カラー画像は平面上の各点に RGB の3原色の値を持ちますので，そのデータは3次元です．カラーの動画は，さらに時間の軸が増えますので，そのデータは4次元です．多次元配列はこのようなデータを表すために利用されます．

2.10 多次元配列

ここでは，3次元配列を例にして多次元配列の作り方を解説します．サイズは$3 \times 3 \times 3$とします．この配列は，図2.6のように3×3行列が奥行き方向に3段連結された構造を持っています．

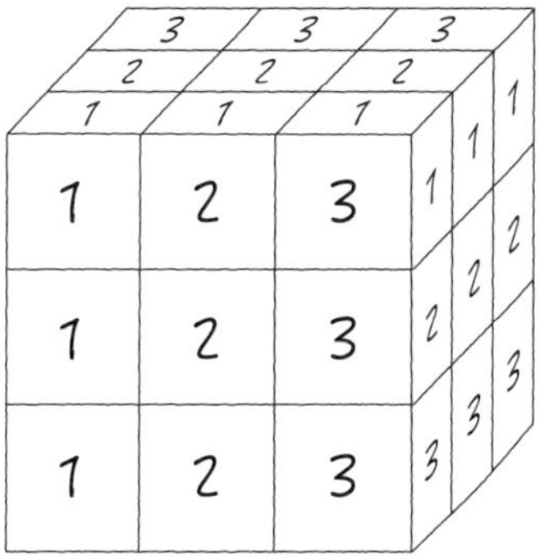

図 2.6 サイズが$3 \times 3 \times 3$の3次元配列のイメージ

3次元配列を作るときには，まず，一番手前の段の行列を作ります．

```
>> A = [1 2 3; 4 5 6; 7 8 9];
```

続いて，奥の段の行列を順に追加します．手前から2段目の行列は，3つの添字を用いて A(:,:,2) と表されます．1つ目と2つ目の添字のセミコロンは行と列の全ての要素を表し，3つ目の添字は2段目であることを表しています．同様にして，3段目（一番奥）の段の行列は A(:,:,3) と表されます．これらを利用して以下のように2段目と3段目の値を代入します．

```
>> A(:,:,2) = [2 3 4; 5 6 7; 8 9 0];
>> A(:,:,3) = [3 4 5; 6 7 8; 9 0 1];
```

ここで，ワークスペースパネル（§1.1参照）を確認すると，Aが$3 \times 3 \times 3$の配列であることがわかります．

多次元配列は cat を利用して作ることもできます．これはサイズの等しい複数の行列を連結するコマンドです．以下の例では，第3の次元の方向に2つの行列を連結しています．

▶ [ヒント]
cat というコマンド名は concatenate に由来しています．

```
>> a = [1 2 3; 4 5 6]; b = [7 8 9; 0 1 2];
>> B = cat(3,a,b)
```

変数Bのサイズを size で調べてみましょう．

```
>> size(B)

ans =

     2     3     2
```

$2 \times 3 \times 2$ の 3 次元配列であることがわかります．

多次元配列の要素への参照方法は基本的に行列と同じです．例えば，上で作成した 3 次元配列 A における一番手前の段の 1 行 1 列は以下のようにして参照します．

```
>> A(1,1,1)
```

同じ段の 1 行目全ての要素を参照するにはコロン演算子を使って以下のようにします．

```
>> A(1,:,1)
```

図 2.6 の右端の面の要素を 3×3 行列として取り出すにはどのようにしたらよいでしょうか．この面は列方向の末尾にあたりますので以下のようにして参照します．

```
>> d = A(:,3,:)
```

しかし，その結果は $3 \times 1 \times 3$ の 3 次元配列となり，期待したように 3×3 行列にはなりません．そこで，squeeze を用いてサイズが 1 の次元（2 番目の次元）を削除します．

```
>> e = squeeze(d)
```

このようにすると，3×3 行列が得られます．同じ処理は reshape でも実行できます．第 2，第 3 引数でそれぞれ行数，列数を指定します．

```
>> f = reshape(d,3,3)
```

2.11 構造体とその配列

アドレス帳や身体測定の結果のように，様々な情報をまとめて管理してこそ役立つデータが多々あります．このように複数の種類のデータを1つの変数にまとめることができるデータ構造を紹介します．

> ☞ **ここがポイント**
> 構造体を用いると複数の種類のデータをまとめて管理できます．構造体の配列を用いると同じ構造を持つデータの管理が容易です．

解 説

複数の種類のデータを1つにまとめて管理できるデータ構造が**構造体**です．氏名と身長と体重をまとめたり，データとその説明文をまとめたりするなど様々な活用が考えられます．それぞれの変数は名称と値から成る**フィールド**ごとに管理されます．

構造体を作るときには，フィールドの名称とそれに対応する値をペアにして指定します．例えば，氏名 (name)，身長 (height)，体重 (weight) の3つのフィールドから成る構造体を作ってみましょう．構造体の作成には struct を使います．

```
>> s = struct('name','Sato Taro','height',175,'weight',65)

s = 

      name: 'Sato Taro'
    height: 175
    weight: 65
```

この構造体 s をイメージで表すと図 2.7 のようになります．この例では文字列とスカラーが1つの構造体を構成していますが，様々な種類のデータを混在させられる点が一般の配列と異なる構造体の特長です．

構造体の各フィールドの値を参照するには，変数名とフィールド名をピリオドでつないで指定します．

s	
name	Sato Taro
height	175
weight	65

図 **2.7** 構造体 s のイメージ

```
>> n = s.name

n =

Sato Taro
```

structを使わずに構造体を作ることもできます．この場合，上の例のように，変数名とフィールド名をピリオドでつないで値を代入します．

```
>> t.name = 'Suzuki Hanako';
>> t.height = 165;
>> t.weight = 55;
```

同じフィールドを持つ構造体を複数まとめて配列にした**構造体配列**も利用可能です．以下のように配列の添字を指定して各フィールド名と値を代入します．

```
>> u(1) = struct('name','Sato Taro','height',175,...
'weight',65);
>> u(2) = struct('name','Suzuki Hanako','height',165,...
'weight',55);
```

構造体の配列もstructを使わずに作ることができます．

```
>> u(3).name = 'Tanaka Jiro';
>> u(3).height = 178;
>> u(3).weight = 72;
```

ここでプロンプトに変数名を入力すると，uが3つのフィールドを持ち，サイズが1×3の構造体配列であることが表示されます．

```
>> u

u =

1x3 struct array with fields:

    name
    height
    weight
```

構造体配列の各要素のフィールドは，配列と構造体の参照法を組み合わせて参照できます．例えば，2番目の要素のheightは以下のように参照します．

```
>> u(2).height

ans =

    165
```

また，添字を指定せずにフィールドを指定すると，全要素のそのフィールドの値を参照することができます．

```
>> u.name

ans =

Sato Taro

ans =

Suzuki Hanako

ans =

Tanaka Jiro
```

構造体配列を利用すると，同じ構造を持つデータの管理が簡単になります．仮に上の例のデータを配列を使って表そうとすると，名前用，身長用，体重用の3つの配列が必要になります．一方，構造体配列では，上のように1つの変数で表すことができる上，フィールド名によってそのデータが何かを表すこともできます．

2.12 セル配列

構造体のように複数の種類のデータをひとまとまりにできるデータ構造にセル配列があります．柔軟性が高いデータ構造です．

> **☞ ここがポイント**
> セル配列を用いると複数の種類のデータをまとめて保管できます．セル配列ではフィールドを用いません．

解説

セル配列も構造体のように様々な種類のデータをまとめて管理できるデータ構造です．セル配列をセル配列の要素にすることも可能です．構造体ではフィー

ルドの名称と値をペアにしてデータを管理しますが，セル配列ではフィールドを用いません．

一般の配列を作成する際にはブラケットを使うのに対して，セル配列を作成する際には中カッコ ({ と }) を使います．セル配列内の列内の要素をスペースで区切り，行をセミコロンで区切る点は一般の行列と同じです．

以下の例では，月ごとのデータ（文字列とベクトル）をセル配列に保存しています．

```
>> s = {'January' 'Feburary' 'March';...
[3 10 17 4 31] [7 14 1 28] [6 13 20 27]}

s =

    'January'       'Feburary'      'March'
    [1x5 double]    [1x4 double]    [1x4 double]
```

これは 2×3 のセル配列です．このセル配列では文字列とベクトルが混在し，さらに 2 行目の 3 つのベクトルは要素数が一定ではないことに注目してください．このように，セル配列では要素のデータ構造の種類やサイズを自由に指定できます．そのため，次のようなごちゃまぜのセル配列を作ることもできます．この例では，スカラー，ベクトル，行列，文字列，構造体，セル配列を要素にしています．

```
>> t = {10 1:5;...
ones(3) 'str';...
struct('x',10,'y',15) {1+2i -i}}

t =

    [         10]    [1x5 double]
    [3x3 double]    'str'
    [1x1 struct]    {1x2 cell  }
```

セル配列の内容を表示するコマンドがいくつか用意されています．まず，celldisp は引数で与えたセルの全ての内容をコマンドウィンドウに表示します．また，少し変わったコマンドとして，セル配列の構造を図示する cellplot があります．以下のコマンドを実行すると，図 2.8 が表示されます．

```
>> cellplot(t)
```

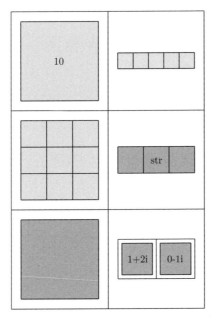

図 2.8 cellplot によるセル配列の構造の表示

この図では各要素のデータ構造，サイズ，値がわかるようになっています．データ構造の違いは色やデザインで表され，サイズはマス目で示されています．一部のデータ構造では値も表示されています．

セル配列の要素の参照には 2 つの方法があります．1 つ目は丸カッコを使う方法で，セル配列の一部を参照することができます．例えば，以下のステートメントは，セル配列 s の 1 行目を変数 u に代入するものです．このとき，変数 u はセル配列となります．

```
>> u = s(1,:)

u =

    'January'    'Feburary'    'March'
```

セル配列の一部に代入するときにもこの丸カッコを使った参照を用います．次の例では，セル配列 s の一部を置換しています．セル配列への代入ですので，中カッコで囲む必要があります．

```
>> s(1,3) = {'April'}

s =

    'January'        'Feburary'       'April'
    [1x5 double]     [1x4 double]     [1x4 double]
```

セル配列の要素を参照するもう 1 つの方法は，中カッコを用いるものです．中カッコを用いるとセル配列の内容を参照することができます．例えば，以下のステートメントは，セル配列 s の 1 行 1 列の内容を変数 v に代入するものです．

```
>> v = s{1,1}

v =

January
```

このとき，変数 v はセル配列ではなく元々のデータ型である文字列となります．この点が丸カッコを用いた参照と異なります．複数の要素を取り出す場合には，その数に応じた変数を用意する必要があります．

```
>> [w1 w2] = s{:,1}

w1 =

January


w2 =

     3    10    17     4    31
```

中カッコを使ってセル配列の一部に代入する場合には，セル配列ではなく元々のデータ型（以下の例では文字列）で与えます．

```
>> s{1,3} = 'May'

s =

    'January'        'Feburary'       'May'
    [1x5 double]     [1x4 double]     [1x4 double]
```

cell というコマンドは，引数で指定した要素数をもつ空のセル配列を生成します．例えば，2×5 のセル配列は以下のようにして作成します．

```
>> e = cell(2,5)

e =

    []    []    []    []    []
    []    []    []    []    []
```

このようにして作成した空のセル配列に，上述のようにして要素を代入することができます．

セル配列の全ての内容が同じデータ型の場合，cell2mat というコマンドにより配列に変換することができます．例えば，以下のように2つのベクトルから成るセル配列があるとします．

```
>> x = {1:3 4:6};
```

セル配列は 2*x のような演算を行うことができませんが，cell2mat を使って行列（ベクトル）に変換すればこのような演算も可能になります．

```
>> y = cell2mat(x);
>> z = 2 * y;
```

このコマンドのほかにも，行列をセル配列に変換する mat2cell，セル配列を構造体に変換する cell2struct などセル配列に関連したコマンドが多数用意されています．詳しくはドキュメンテーションを参照してください．

2章　演習問題

問題 1

コロン演算子を使ってワークスペース上に以下のベクトルを作成せよ．ベクトル $\mathbf{a}$ と $\mathbf{b}$ は行ベクトルで，ベクトル $\mathbf{c}$ は列ベクトルである．

1. $\mathbf{a} = (0 \ \ 5 \ \ 10 \ \cdots \ 50)$
2. $\mathbf{b} = (0 \ \ -5 \ \ -10 \ \cdots \ -50)$
3. $\mathbf{c} = \begin{pmatrix} 0 \\ 2 \\ 4 \\ \vdots \\ 10 \end{pmatrix}$

問題 2

問題 1 で作成したベクトルについて以下の操作を行え．

1. ベクトル $\mathbf{a}$ の先頭要素から第 5 要素までを表示せよ．
2. ベクトル $\mathbf{b}$ の先頭要素から第 10 要素までを $1, 2, 3, \cdots, 10$ で置き換えよ．
3. ベクトル $\mathbf{c}$ の要素を逆順に並べ，ベクトル $\mathbf{d}$ に代入せよ．

問題 3

以下の行列 $\mathbf{M}$ をワークスペース上に作成せよ．次に，その行列の 2 列目の全ての要素を変数 p に代入せよ．

$$\mathbf{M} = \begin{pmatrix} 1.1 & 1.2 & 1.3 \\ 2.1 & 2.2 & 2.3 \\ 3.1 & 3.2 & 3.3 \end{pmatrix}$$

問題 4

正と負の実数から成るベクトルがあるとき，その要素を**正規化**する処理を実行せよ．正規化とは，全要素の絶対値の最大値が 1 になるようにする処理である．また，正と負の実数から成る行列に対して正規化の処理を実行せよ．

問題 5

平面上の 2 点の座標を保存する 2 つの構造体 p1，p2 を作成し，それらに任意の座標をを代入せよ．次に，それらの構造体を用いて 2 点の中点の座標を求め，構造体に保存せよ．

第3章　グラフの作成

[ねらい]
　MATLAB の重要な機能の1つにデータの可視化があります．データをグラフにすることによって数字の羅列を見ているだけではわからない傾向や意味が読み取れるものです．この章ではさまざまなスタイルのグラフをプロットし，それを編集，保存する方法について解説します．

[この章の項目]
　2次元データのグラフ
　3次元データのグラフ
　さまざまなグラフ
　図の編集
　図の保存

3.1 2次元グラフのプロット

データの可視化で最も使われるのは 2 次元グラフのプロットでしょう．MATLAB では豊富なオプションで多彩な 2 次元グラフを描くことができます．まずは基本をおさえましょう．

> **ここがポイント**
> 2 次元グラフは plot(x,y) でプロットできます．引数にはベクトルを与えます．

解説

はじめに，1 次関数 $y = 2x$ のグラフをプロットしてみましょう．x の範囲は -5 から 5 とします．x と y に対応するベクトルを作り，これらを plot というコマンドの引数として与えます．このとき，データは行ベクトルでも列ベクトルでもかまいません．plot を実行すると，図 3.1 に示すようなウィンドウが現れ，その中にグラフが表示されます．このウィンドウを**フィギュアウィンドウ**といいます．

▶ [ヒント]
 plot などのグラフをプロットするコマンドに関しては行末のセミコロンの有無は結果に影響しません．

```
>> x = -5:5;
>> y = 2 * x;
>> plot(x,y)
```

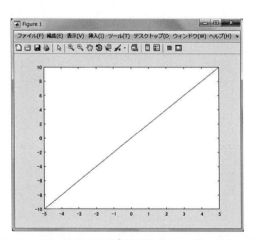

図 **3.1** $y = 2x$ のグラフが表示されたフィギュアウィンドウ

▶ [ヒント]
 座標軸は axis（§3.9, §3.10 参照）により設定可能です．

この図のように，グラフの**座標軸**の範囲はデータの範囲に合わせて自動的に調整（スケーリング）されます．plot の引数としてはブラケットで囲んで作ったベクトルやコロン演算子を使って作ったベクトルを与えることもできます．ただし，2 つのベクトルの要素数を一致させることを忘れないでください．

```
>> plot([0 0.5 1 1.5 2],[-0.2 -0.1 0 0.1 0.2])
```

`plot`は上のようにx軸とy軸のデータを引数に与えるほか，以下のように1つの引数で実行することもできます．この場合，x軸は1から始まる整数になりますが，簡便にデータを見たいときに有用です．

```
>> plot(y)
```

次に，グラフのラインの色を変えてみましょう．ラインの色は`plot`の第3引数で指定できます．以下の例ではblueのbを用いて青に指定しています．この文字は**指定子**と呼ばれます．ラインの色としては表3.1に示すものが選択できます．

```
>> plot(x,y,'b')          % plot(x,y,'blue')も可
```

MATLABでは`%`に続く文字は**コメント**と見なされ，処理に影響しません．したがって，上のステートメントでも`%`以降を入力する必要はありませんが，本書ではこのようにコメントを使って情報の補足をする場合があります．

▶ [ヒント]
黒の指定子のkはblackのkです．

表3.1 色と指定子

色	指定子
青	b
シアン	c
緑	g
黒	k
マゼンタ	m
赤	r
黄	y
白	w

今度は，ラインのスタイル（種類）を変更してみましょう．表3.2に示す指定子を使って**実線**，**破線**，**点線**，**一点鎖線**のいずれかを選択できます．次の例では破線でプロットしています（図3.2）．

```
>> plot(x,y,'--')
```

▶ [ヒント]
ラインのスタイルを指定しなければ実線になります．

ラインのスタイルは色と組み合わせて指定することができます．例えば，黒の点線をプロットするには以下のようにします．指定子の順序に制約はありませんので，以下のどちらでも同じ結果が得られます．

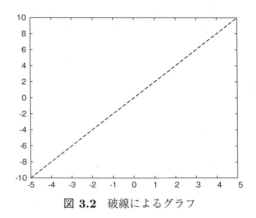

図 3.2　破線によるグラフ

表 3.2　ラインのスタイルと指定子

スタイル	指定子
実線	-
破線	--
点線	:
一点鎖線	-.

```
>> plot(x,y,'k:')          % 色指定が先
>> plot(x,y,':k')          % スタイル指定が先
```

　最後に，**マーカー**を表示してみましょう．マーカーは，データの座標に表示する円やアスタリスクなどの記号です．マーカーも指定子を用いて指定し，以下のように色やスタイルの指定子と組み合わせて使うことができます．この例では，赤の実線と円状のマーカーでプロットされます（図 3.3 本書では黒です）．

```
>> plot(x,y,'ro-')
```

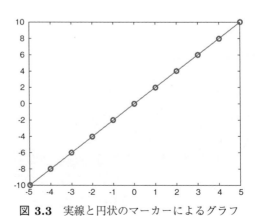

図 3.3　実線と円状のマーカーによるグラフ

マーカーとしては表 3.3 に示す多彩な形状を使うことができます．

表 3.3 マーカーと指定子

マーカー	指定子
円	o
プラス	+
アスタリスク	*
点	.
クロス (×)	x
正方形	s
菱形	d
上向き三角形	^
下向き三角形	v
右向き三角形	>
左向き三角形	<
五角形	p
六角形	h

マーカーを指定した場合にラインのスタイルを指定しなければ，図 3.4 のようにマーカーだけがプロットされます．

```
>> plot(x,y,'ro')            % ラインのスタイルを指定していない
```

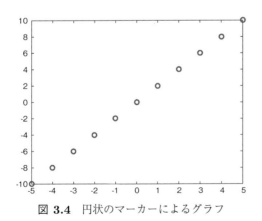

図 3.4 円状のマーカーによるグラフ

なお，ラインの太さ，マーカーのサイズ，マーカーの境界と内部の色などを細かく指定することができます．詳しくは §3.12 をご覧ください．

3.2 3次元グラフのプロット

3次元データを可視化するためのコマンドには様々なものがあります．目的に応じて使い分けてください．

> **☞ ここがポイント**
> plot3 の引数はベクトルで，mesh や surf の引数は行列です．

解 説

plot3 は plot の 3 次元版です．z 軸のデータが増えるだけで使い方は基本的に plot と同じです．ラインの色やスタイルなども同じように指定できます．以下の一連のコマンドを実行すると，図 3.5 のグラフが得られます．

▶ [ヒント]
linspace については §2.3 を参照してください．

```
>> z = linspace(0,10*pi);
>> x = z .* cos(z);              % ベクトルの要素単位の演算
>> y = z .* sin(z);              % 同上
>> plot3(x,y,z,'ko-')
```

▶ [ヒント]
plot3 でも行末のセミコロンの有無は結果に影響しません．

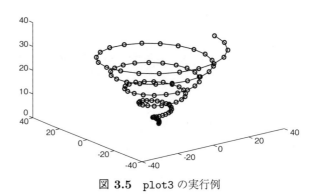

図 3.5 plot3 の実行例

次に，サーフェスグラフをプロットするコマンドについて解説します．このグラフは，図 3.5 のような 3 次元空間上のラインではなく，面として表現されるグラフです．

ここでは，membrane を使って MATLAB のロゴマークのデータを計算し，その結果をプロットします．このデータを mesh を使ってプロットすると，図 3.6（左）のワイヤフレームのグラフが得られます．また，コンタープロットと組み合わせてプロットする meshc を用いると，図 3.6（右）のグラフが得られます．

```
>> z = membrane;            % MATLAB のロゴマークのデータ
>> mesh(z)
```

▶ [ヒント]
meshz や waterfall というコマンドもあります.

membrane の戻り値である変数 z は 31×31 行列です. 行と列がそれぞれ x 軸と y 軸に対応し, 各要素の値が z 軸の値 (グラフにおける高さ) に対応します.

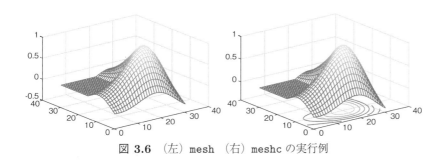

図 3.6 (左) mesh (右) meshc の実行例

表面がシェーディングされたプロットを行う surf を使うと図 3.7 (左) が得られます. また, コンタープロットと組み合わせてプロットする surfc を用いると, 図 3.7 (右) のグラフが得られます.

```
>> surf(z)
```

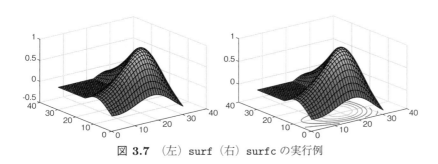

図 3.7 (左) surf (右) surfc の実行例

最後に, $z = x^2 - y^2$ $(-3 \leq x \leq 3, -3 \leq y \leq 3)$ を mesh でプロットしてみます. そのために, まず meshgrid を使って x 軸と y 軸の**フルグリッド**と呼ばれる行列を作成します.

```
>> [x,y] = meshgrid(-3:3,-3:3)          % x と y はフルグリッド

x =

    -3    -2    -1     0     1     2     3
    -3    -2    -1     0     1     2     3
    -3    -2    -1     0     1     2     3
    -3    -2    -1     0     1     2     3
    -3    -2    -1     0     1     2     3
    -3    -2    -1     0     1     2     3
    -3    -2    -1     0     1     2     3


y =

    -3    -3    -3    -3    -3    -3    -3
    -2    -2    -2    -2    -2    -2    -2
    -1    -1    -1    -1    -1    -1    -1
     0     0     0     0     0     0     0
     1     1     1     1     1     1     1
     2     2     2     2     2     2     2
     3     3     3     3     3     3     3
```

x は列方向に同じ値が並び，y は行方向に同じ値が並んでいる行列です．なぜこのような行列が必要なのかすぐにはわかりにくいと思いますが，先に進んで $z = x^2 - y^2$ を計算してみましょう．

この計算の中で x と y の各要素の 2 乗を求める必要があるので，要素単位の演算 (.^2) を用いなければなりません．ここでピリオド付きの演算子を使わずに単なる 2 乗 (^2) を実行すると，それは正方行列の 2 乗を意味し，結果が異なってしまいますので注意が必要です．

```
>> z = x.^2 - y.^2

z =

     0    -5    -8    -9    -8    -5     0
     5     0    -3    -4    -3     0     5
     8     3     0    -1     0     3     8
     9     4     1     0     1     4     9
     8     3     0    -1     0     3     8
     5     0    -3    -4    -3     0     5
     0    -5    -8    -9    -8    -5     0
```

zの値を見ながら，もう一度フルグリッドの意味を考えてみましょう．$z(1,1)$ の値は $x(1,1)^2 - y(1,1)^2$ $(=(-3)^2-(-3)^2)$ であり，$z(1,2)$ の値は $x(1,2)^2 - y(1,2)^2$ $(=(-2)^2-(-3)^2)$ です．このようにして見ていくと，なぜ x 軸と y 軸のフルグリッドが上のような行列であるのか理解できるのではないでしょうか．

得られた z を mesh でプロットすると図 3.8 が得られます．以下の実行例では，x 軸と y 軸の値をグラフに反映させるため，mesh の引数に x と y も与えています．

```
>> mesh(x,y,z)
```

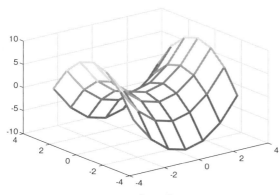

図 3.8　$z = x^2 - y^2$ のグラフ

3.3　図のコピー&ペースト

MATLAB で作成した図は最終的にレポートに入れて提出したり，スライドに入れてプレゼンしたりすることになるでしょう．ここでは，図をコピーしてほかのアプリケーションにペーストする方法を解説します．

> ☞ **ここがポイント**
> [Figure のコピー]でクリップボードにコピーします．

解説

フィギュアウィンドウの [編集] メニュー（図 3.9）から [Figure のコピー] を選択すると，図がオペレーティングシステムのクリップボードにコピーされます．

あとは通常通りほかのソフトウェアにペーストします．参考として，Microsoft Word にペーストした様子を図 3.10 に示します．

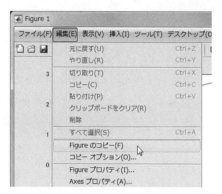

図 3.9　フィギュアウィンドウの [編集] メニュー

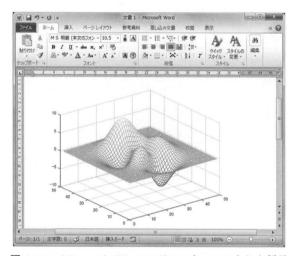

図 3.10　Microsoft Word にグラフをペーストした様子

3.4　グリッドラインの表示

　グラフに方眼紙のような縦横のラインを入れると値が読み取りやすくなります．このラインをグリッドラインと言います．ここでは，グラフに2種類のグリッドラインを入れる方法を解説します．

> **ここがポイント**
> grid でグリッドラインのあり/なしを設定します．

解説

　図にグリッドラインを入れたり消したりするには grid を用います．grid on を実行すると，図3.11 のようにグレーの細い実線が引かれます．この実線のグリッドラインはメジャーグリッドラインと呼ばれます．

```
>> x = linspace(0,2*pi);        % 0～2πのベクトル
>> y = sin(x);                  % 正弦波
>> plot(x,y)
>> grid on
```

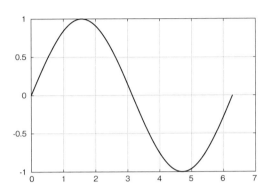

図 3.11 グラフにメジャーグリッドラインを入れた様子

グリッドラインを消すときには，`grid off` を実行します．

```
>> grid off
```

以下のように grid を単独で実行すると，グリッドラインあり/なしの状態が切り替わります．

```
>> grid
```

つまり，グリッドラインが表示されていない状態で grid が実行されるとグリッドラインが表示され，もう一度 grid が実行されるとグリッドラインが消えるということです．このように 1 つの操作で 2 つの状態を切り替えることを**トグル** (toggle) といいます．

grid に minor というオプションを付けて実行すると，図 3.12 のようにメジャーグリッドラインよりも小さい間隔で破線のグリッドラインが表示されます．この破線のグリッドラインは**マイナーグリッドライン**と呼ばれます．

```
>> grid minor
```

マイナーグリッドラインを消去するには上のコマンドを再度実行します．マイナーグリッドラインは図 3.12 のように単独で表示させることもできますし，図 3.13 のようにメジャーグリッドラインと併用することもできます．

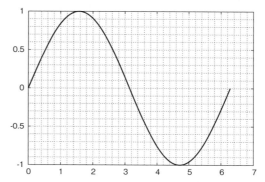

図 3.12 グラフにマイナーグリッドラインを入れた様子

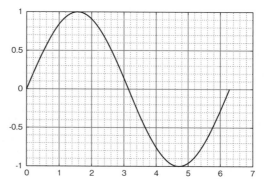

図 3.13 グラフにメジャーグリッドラインとマイナーグリッドラインを入れた様子

3.5 タイトルと軸ラベルの表示

　グラフの各軸の意味を表す軸ラベルは，データの意味を知る上で不可欠です．ここでは，グラフにタイトルや軸ラベルを表示させる方法を解説します．タイトルにグラフ作成日時を表示させる方法も紹介します．

☞ ここがポイント

GUI（[挿入] メニュー）もしくはコマンド（title, xlabel など）でタイトルや軸ラベルを表示させます．

解 説

　タイトルや軸ラベルはフィギュアウィンドウの [挿入] メニュー（図 3.14）で入力することができます．[挿入] メニューで [タイトル] を選択すると，グラフ上部が文字入力可能な状態になりますので，適宜入力します．日本語の入力も可能です．入力後，フィギュアウィンドウのほかの部分をクリックすると確定されます．軸ラベルも同様の手順で入力できます．

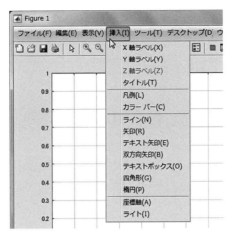

図 3.14　フィギュアウィンドウの [挿入] メニュー

タイトルや軸ラベルをコマンドで入力する方法も解説します．タイトルは title，x 軸ラベルは xlabel，y 軸ラベルは ylabel，z 軸ラベルは zlabel で入力します．いずれも引数は文字列ですので，シングルクォーテーションで囲んで指定します．

▶ [ヒント]
タイトルやラベルでは，TeX の記法を使って数式を表すことも可能です．

```
>> title('正弦波')
>> xlabel('X')
>> ylabel('Y')
```

これらのコマンドの実行結果を図 3.15 に示します．

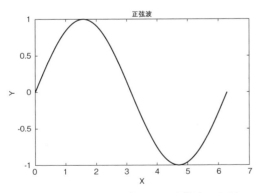

図 3.15　タイトルと軸ラベルを指定した例

次に，図 3.16 のようにタイトルに現在の日付と時刻を表示する方法をご紹介します．

```
>> title(datestr(datetime))
```

ここでは，titleの引数として，datestr(datetime)を与えています．datetimeは現在の年月日と時刻を返し，datestrはそれを文字列に変換する関数です．データを作成した日時と合わせてグラフを記録しておかなければならないような場合に重宝します．

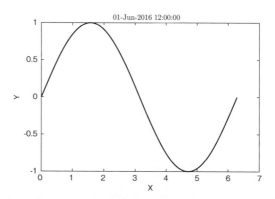

図 3.16 タイトルに現在の日時と時刻を表示した例

最後に，タイトルに変数を利用するテクニックを紹介します．これは，No. 1, No. 2, … のように番号を含むタイトルや，$a = 1$ のように変数の値を含むタイトルを表示したいような場合で使います．titleの引数に与えられるのは文字列ですので，数値は文字列に変換する必要があります．例えば，10という数値を文字列に変換するということは，"1" という文字と "0" という文字を左から順につなげた文字列にするということです．この変換を行う関数がnum2strです．

▶ [ヒント]
　num2str は "number to string" の意味です．

次の例では，変数 n に対して "No. n" というタイトルを表示します．

```
>> n = 10;
>> title(['No. ' num2str(n)])
```

▶ [ヒント]
　sprintf（§5.10 参照）を利用してタイトルの文字列を作ることもできます．

§2.1で説明したように，複数の文字列を要素とした行ベクトルを作るとそれらが連結された文字列が得られます．ここでは，"No. " と "10" の2つの文字列が連結されているので，タイトルは "No. 10" となります．

3.6　1つの座標軸への複数グラフのプロット

§3.1では plot に1組の x と y のデータを与え，1つのグラフをプロットする方法を説明しました．ここでは，1つの座標軸に複数のグラフを重ね描きする方法を解説します．

3.6 1つの座標軸への複数グラフのプロット

ここがポイント

座標軸の中に複数のグラフをプロットすることができます．hold を使って画面をホールドし，グラフを重ねることも可能です．

解説

plot に複数の組のデータを与えると，複数のグラフをプロットすることができます．このとき，x 軸のデータと y 軸のデータをペアにして指定しなければなりません．例えば，以下の例では2組のデータを与え，2つのグラフを同時にプロットしています．それぞれのグラフのラインの色はそれぞれ異なる色へと自動的に設定されます．

```
>> x = -3:0.1:3;
>> y1 = x + 3;
>> y2 = x .^ 2;
>> plot(x,y1,x,y2)
```

同様の方法で3組，4組，… のデータを同時にプロットすることもできます．plot3 も同様に複数の組のベクトルを指定することができます．

個々のグラフのラインの色やスタイルなどを指定したい場合には，§3.1 で解説したオプションを個別に指定します．例えば，1つ目のグラフを青の実線，2つ目のグラフを赤の破線にしたグラフ（図 3.17）をプロットするには，以下のように実行します．

```
>> plot(x,y1,'b--',x,y2,'r-')
```

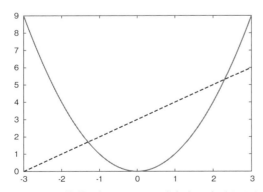

図 3.17 plot に複数の組のベクトルを与えて表示させたグラフ

次に，グラフを重ねてプロットするもう1つの方法を解説します．この方法は，hold でグラフの状態を保持（ホールド）し，その間に追加のプロットを行

うというものです．

例を見てみましょう．まず，1つ目のグラフをプロットします．

```
>> plot(x,y1)
```

この状態でもう1つのグラフをプロットすると，1つ目のグラフは消えてしまいます．そこで，hold on を実行して一旦グラフをホールドします．これで他のグラフを重ね描きできる状態になりますので，続けて plot を実行します．

```
>> hold on
>> plot(x,y2)
```

ラインの色は自動的に変更されます．また，重ね描きできるグラフの数に制限はありません．全てのグラフを追加したら，ホールド状態を解除します．

```
>> hold off
```

なお，hold を単独で実行すると，グラフのホールド状態のオン/オフが切り替わります．

異なる種類のグラフを混在させることも可能です．以下の例では，図 3.18 のように bar による棒グラフ（§3.22 参照）と plot によるグラフを重ね描きしています．

```
>> data1 = [1 2 3 4 5];
>> data2 = [1.5 2.2 4 4 5.2];
>> bar(data1)
>> hold on
>> plot(data2,'*-')
>> hold off
```

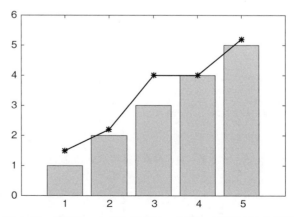

図 3.18　棒グラフと折れ線グラフを重ねて表示させた様子

3.7 凡例の表示

1つの座標軸に複数のグラフを表示させた場合に必要となるのが**凡例**（はんれい）です．Excelでは自動的に表示されますが，MALTABでは手動で追加する必要があります．

> 👉 **ここがポイント**
> GUI（[挿入] メニュー）もしくはコマンド(legend)で凡例を表示します．

解説

2つの正弦波をプロットし，凡例を表示する手順を例に解説します．ここでは2次元グラフを例にしますが，凡例は3次元グラフや棒グラフなどその他のグラフでも表示できます．

まず，$0 \leq x \leq 2\pi$ の範囲で $y = \sin x$ と $y = \sin 2x$ をプロットします．

```
>> x = linspace(0,2*pi);
>> y1 = sin(x);
>> y2 = sin(2*x);
>> plot(x,y1,'b-',x,y2,'r--')
>> grid on
```

凡例を表示するには，フィギュアウィンドウの[挿入]メニュー（図3.14）から[凡例]を選択してください．すると，座標軸の右上隅に凡例が表示されます．再度[凡例]を選択すると凡例は消えます．

凡例のラベル（文字列）をマウスでダブルクリックすると，図3.19のように編集可能な状態になりますので，適宜ラベルを入力してください．凡例の位置やフォントなどはプロパティエディター（§3.13参照）で変更できます．

図 **3.19** 編集状態の凡例

凡例をコマンドで表示する方法も解説しておきます．凡例は legend の引数としてラベルを与えることによって表示できます．

```
>> legend('sin(x)','sin(2x)')
```

グラフがプロットされた順序とラベルの順序は一致させる必要があります．

凡例が不要になったら以下のようにして消すことができます．

```
>> legend('off')
```

デフォルトでは凡例は座標軸の右上隅に表示されますが，引数にオプションを与えることによってこの位置を指定することができます．位置の指定の際には，地図の方角が利用され，例えば中央上であれば 'north'，右下隅であれば 'southeast' と指定します．

例を見てみましょう．凡例の位置はその属性を表す Location と組み合わせて指定します．

```
>> legend('sin(x)','sin(2x)','Location','north')      % 中央上
>> legend('sin(x)','sin(2x)','Location','southeast')  % 右下
```

また，「方角」に outside を付けることによって凡例を座標軸の枠外に表示させることも可能です．

```
>> legend('sin(x)','sin(2x)','Location','eastoutside')
```

さらに，属性 Orientation を使って，凡例を垂直に並べる (vertical) か水平に並べる (horizontal) かを指定することもできます（図 3.20）．

```
>> legend('sin(x)','sin(2x)','Location','northoutside',...
   'Orientation','horizontal')
```

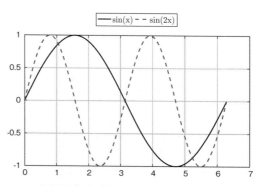

図 **3.20** 凡例の表示（中央上の座標軸の外に水平に表示）

3.8 フィギュアウィンドウ分割による複数の座標軸の表示

MATLAB ではフィギュアウィンドウを分割して複数の座標軸や図を表示させることができます．それぞれの座標軸や図でラベルやタイトルなどの属性を指定できます．

> ☞ **ここがポイント**
>
> subplot(m,n,k) でフィギュアウィンドウを m 行 n 列に分割し，その k 番目を指定できます．

解 説

フィギュアウィンドウを分割してプロットするには，まず subplot を実行し，次にプロットのコマンドを実行します．まずは，横方向に 2 分割して，それぞれにグラフを表示してみましょう．

```
>> x = -2:0.1:2;
>> y1 = x;
>> subplot(1,2,1)
>> plot(x,y1,'b')
>> y2 = x .^ 2;
>> subplot(1,2,2)
>> plot(x,y2,'r')
```

この結果，図 3.21 が得られます．subplot の引数は順に縦方向の分割数，横方向の分割数，座標軸の番号に対応します．したがって，subplot(1,2,1) は横方向に 2 分割した 1 つ目の座標軸を意味します．座標軸は，図 3.22 に例示するように左上から右下へ順に番号付けされます．なお，各座標軸にはグラフだけでなく画像も表示できます．

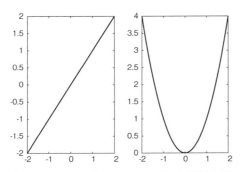

図 3.21 フィギュアウィンドウの分割の例

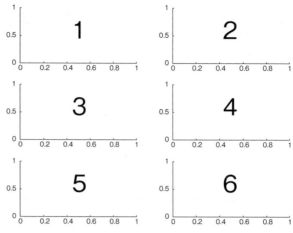

図 3.22 縦 3 分割，横 2 分割した場合の座標軸の番号

以上を踏まえて，フィギュアウィンドウを縦方向に 2 分割する方法を考えてみてください．以下に実行例を挙げておきます．

```
>> subplot(2,1,1)
>> plot(x,y1,'b')
>> subplot(2,1,2)
>> plot(x,y2,'r')
```

さて，上の例のようにして縦方向に 2 つのグラフをプロットした後，上の座標軸に軸ラベルやグリッドラインを付けなければならないことを思い出した，という場面を想像してください．このような場合，subplot で改めて 1 番目の座標軸を指定し，それぞれの操作を行う必要があります．

（上の実行例の続き）

```
>> subplot(2,1,1)
>> xlabel('x')
>> ylabel('y')
>> grid on
```

この例でもおわかりいただけるように，軸ラベルやグリッドラインなどの属性は座標軸ごとに指定されます．また，hold によるグラフのホールドについても座標軸ごとに決まります．ある座標軸をホールドしたからといって，ほかの座標軸もホールドされているわけではないので注意が必要です．

異なるサイズの座標軸を混在させることもできます．

```
>> subplot(2,1,1)          % 上半分
>> subplot(2,2,3)          % 左下
>> subplot(2,2,4)          % 右下
```

必要になる場面は少ないかもしれませんが，参考までに紹介しておきました．

3.9 座標軸の範囲指定

§3.1 で述べたように，グラフの座標軸はデータの範囲に合わせて自動的に調整されます．これを手動で指定する方法について解説します．

> ☞ **ここがポイント**
>
> `axis` の引数で x 軸，y 軸（3次元の場合は z 軸も）の最小値と最大値を指定します．

解説

`axis` を用いるとグラフ表示の範囲を指定することができます．この機能はグラフの特定の領域のみを表示することに使えるほか，複数のグラフの表示範囲をそろえるためにも利用できます．

グラフの範囲を指定するには，`axis` に x 軸，y 軸の最小値と最大値から成るベクトルを与えます．例えば，以下の例では $y = e^{-x}$ のグラフをプロットしています．`axis` の引数 `[-1 5 0 3]` で表示範囲を $-1 \leq x \leq 5$，$0 \leq y \leq 3$ に設定しています（図 3.23）．

```
>> x = -10:0.1:10;
>> y = exp(-x);
>> plot(x,y); grid on
>> axis([-1 5 0 3])
```

▶ [ヒント]
　`plot(x,y)` の後にセミコロンを書くと，続けてステートメント（ここでは `grid on`）を書くことができます（§2.3 参照）．

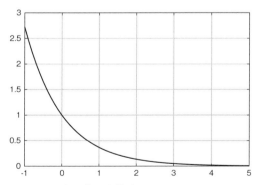

図 3.23　表示範囲を指定した $y = e^{-x}$ のグラフ

`axis` の引数のベクトルの中で `inf` を用いると，自動的に範囲が指定されます．例えば，以下の例では，x 軸が -10 から 5 まで，y 軸が 0 から e^{10} までに設定されます．

```
>> axis([-inf 5 0 inf])
```

3次元グラフの場合には，3軸の最小値と最大値から成る要素数6のベクトルで表示範囲を指定します．以下の例では，peaksで生成した2変数関数についてz軸が正の成分のみ表示させています．

```
>> mesh(peaks)
>> axis([0 50 0 50 0 10])
```

引数なしでaxisを実行すると，現在の座標軸の範囲がベクトルとして得られます．これを利用して2つのグラフの座標軸をそろえる方法を解説します．まず，フィギュアウィンドウの上段に$y = 2\sin x$をプロットし，その座標軸の範囲を変数axに代入します．

```
>> x = 0:pi/10:2*pi;         % 0から2πまでをπ/10きざみ
>> y1 = 2 * sin(x);
>> subplot(2,1,1)
>> plot(x,y1); grid on
>> ax = axis                 % 座標軸の範囲をaxに代入
```

次に，下段に$y = \sin x$をプロットし，最後にaxis(ax)により，座標軸の範囲を上段と等しくします．このようにすると，図3.24のように上下2つのグラフの座標軸の範囲がそろいます．複数のグラフを並べて比較する場合にはこのように座標軸をそろえるようにしましょう．

```
>> y2 = sin(x);
>> subplot(2,1,2)
>> plot(x,y2); grid on
>> axis(ax)
```

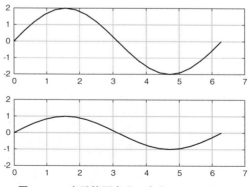

図 **3.24** 表示範囲をそろえた2つのグラフ

3.10 座標軸のスタイル指定

前節で解説した axis は座標軸の範囲を指定する以外にも様々な機能を持っています．

> **☞ ここがポイント**
> axis では目盛りの間隔，座標軸の形状，座標軸の有無なども指定可能です．

解 説

ここでは楕円のグラフを例に解説します．まず，媒介変数表示を用いて楕円をプロットします．

```
>> t = linspace(0,2*pi);
>> x = 2 * cos(t);
>> y = sin(t);
>> plot(x,y)
```

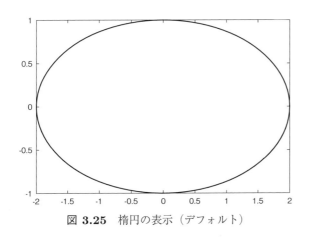

図 **3.25** 楕円の表示（デフォルト）

この楕円の長軸（x 方向）と短軸（y 方向）の長さの比率は $2:1$ です．ところが，MATLAB のグラフでは自動的に x 軸と y 軸がスケーリング（調整）されるため，図 3.25 の楕円はその比率で表示されていません．これを本来の比率で表示させるには axis に equal というオプションを指定し，x 軸と y 軸の目盛り間隔を等しくします．

```
>> axis equal
```

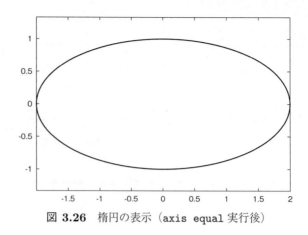

図 3.26　楕円の表示（axis equal 実行後）

図 3.26 では，目盛りの間隔をそろえることによって正しい比率で表示されていることがわかります．

manual というオプションを指定すると座標軸を固定することができます．上記の楕円とその x 軸，y 軸を入れ替えた楕円を重ねてプロットしてみます．

▶ [ヒント]
　hold については §3.6 を参照してください．

```
>> plot(x,y)
>> axis equal
>> axis manual          % 座標軸固定
>> hold on              % グラフをホールド
>> plot(y,x,'r')
>> hold off             % グラフのホールドを解除
```

axis manual により座標軸が固定され，2 つ目の楕円の上下が欠けて表示されることを確かめてください．axis auto を実行すると，再び自動スケーリングに戻すことができます．

座標軸は非表示にすることもできます．

```
>> axis off             % 座標軸非表示
>> axis on              % 座標軸表示
```

axis のオプションに normal を指定すると，デフォルトの座標軸に戻すことができます．

```
>> axis normal
```

この節で解説した以外にも様々なオプションが利用可能です．axis のドキュメンテーションを参照してみてください．

3.11 GUIによるプロット

ExcelではGUIでグラフの種類を選ぶだけでグラフをプロットすることができます．最近のMATLABにもこのような機能が追加されていて，コマンドを使わなくてもグラフをプロットできるようになっています．

> ☞ **ここがポイント**
> ワークスペースパネルでデータを選択し，[プロット]タブでグラフの種類を選択します．

解説

今，ワークスペースに以下の変数x, yが存在するとします．

```
>> x = linspace(-3,3);
>> y = x.^3 - 5*x;
```

ワークスペースパネル上のこれらの変数をマウスで選択し，図3.27のような状態にしてください．複数の変数を選択するには，Windowsではコントロールキーを押しながらクリック，Mac OS Xではコマンドキーを押しながらクリックします．

図 3.27　ワークスペースで変数を指定した状態

次に，[プロット]タブを選択してください．すると，図3.28のようにグラフの種類を示すアイコンが表示されます．各アイコンにマウスポインタを置くと，それぞれのグラフについての解説がポップアップします．

これらのアイコンが並んでいる右端にある下向きの三角形をクリックすると，メニューが広がり，選択可能なグラフが表示されます．このメニューでは，よ

図 3.28　[プロット]タブを選択した状態

く利用するグラフを「お気に入り」として登録し，メニューの最上段に表示させることが可能です．なお，このときの表示内容は，インストールされている**ツールボックス**によって異なる場合があります．

ここでは，最もシンプルな plot のアイコンをクリックしてみます．すると，フィギュアウィンドウに 2 次元グラフがプロットされます．このとき，コマンドウィンドウに

```
>> plot(x,y)
```

と表示されたことに気付いたでしょうか．つまり，GUI による一連の操作は，コマンドウィンドウでコマンドを実行していることと同じなのです．

さて，仮に x 軸と y 軸が想定しているものと逆だったとしましょう．この場合には，[プロット] タブにある図 3.29（左）のアイコンの矢印部分をクリックします．すると，図 3.29（右）のように x と y のアイコンが上下入れ替わります．その後改めてグラフのアイコンをクリックすると，x 軸と y 軸が入れ替わったグラフが得られます．

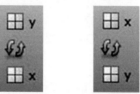

図 3.29 x 軸と y 軸のデータを入れ替えるアイコン
（左）初期状態，（右）入れ替えた状態

また，[プロット] タブの右端にある [Figure の再利用] のラジオボタンをオンにしておくと，すでにあるフィギュアウィンドウが描き換えられます．[新規 Figure] のラジオボタンをオンにしておくと，プロットのたびに新たなフィギュアウィンドウが追加されます．

以上のように，GUI のみで様々なスタイルのグラフをプロットすることができます．操作に合わせてコマンドウィンドウにコマンドが表示されますので，コマンド操作の学習のきっかけにもなると思います．

3.12　グラフの属性の指定

`plot` や `plot3` などのコマンドでは，オプションによってラインやマーカーの属性を細かく指定することができます．コマンドによる指定が難しく感じる方は §3.13 で解説するプロパティエディターを使ってみてください．

3.12 グラフの属性の指定

> **☞ ここがポイント**
>
> 属性とその値をプロットのコマンドのオプション（引数）として与えます．

解説

グラフの属性を指定する方法は基本的に plot と plot3 で共通ですので，ここでは plot を用いて説明します．その方法は，属性を表す文字列とその値をコマンドのオプションとして与えるというものです．

はじめに，ラインの太さを指定してみましょう．MATLAB のグラフのデフォルトのラインは細いので，プレゼン用スライドなどで示す際にはラインを太くすることをお勧めします．ラインの太さの属性は LineWidth で，その値は正の実数値です．以下の例では，グラフのラインの太さを 5 ポイントに指定しています（図 3.30）．

```
>> x = -2:0.1:2;
>> y = x .^ 2;
>> plot(x,y,'LineWidth',5)
```

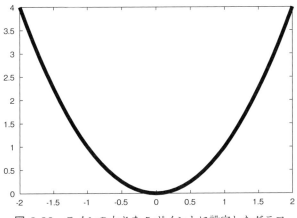

図 **3.30** ラインの太さを 5 ポイントに設定したグラフ

次に，色の指定について説明します．表 3.1（p.53 参照）以外の色を指定したい場合には，Color というオプションの後に，赤 (R)，緑 (G)，青 (B) の比率（RGB 値）を与えます．これらの値は 0 から 1 の範囲でベクトルとして指定します．例えば，紫色のラインにするには以下のように実行します．

```
>> plot(x,y,'Color',[0.5 0.0 0.8])
```

ここでは，R を 0.5，G を 0.0，B を 0.8 に設定しています．

続いて，マーカーの属性の指定について説明します．マーカーはそのサイズ，境界の色，内部の色を指定できます．まず，マーカーのサイズは，以下のように MarkerSize で指定します．数値の単位はポイントです．次の例では，四角形のマーカーを指定し，さらにそのサイズを 20 ポイントにしています（図 3.31）．

```
>> plot(x,y,'s-','MarkerSize',20)
```

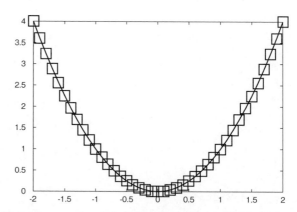

図 3.31　マーカーのサイズを 20 ポイントに設定したグラフ

マーカーの境界と内部の色は MarkerEdgeColor と MarkerFaceColor でそれぞれ指定します．色の指定は §3.1 の表 3.1 に示した指定子を使う方法と RGB 値をベクトルで表す方法のどちらでも利用できます．次の例では，ラインの色を赤，マーカーの境界を青，その内部を緑に指定しています．

```
>> plot(x,y,'sr-','MarkerEdgeColor','b',...
   'MarkerFaceColor','g')
```

なお，以上で説明した各種属性は同時に指定することができます．例えば，以下のようにしてラインの太さと色を指定することができます．

```
>> plot(x,y,'LineWidth',2.5,'Color',[0.5 0.0 0.8])
```

これらのオプションを活用して見やすいグラフを作ってください．

3.13　プロパティエディターによるグラフの編集

§3.12 で解説したコマンドによるグラフの属性の設定は慣れれば迅速なのですが，コマンドを覚えておかなくてはならないのが難点です．その点，プロパティエディターは GUI で図を編集でき便利です．

3.13 プロパティエディターによるグラフの編集

☞ **ここがポイント**

プロパティエディターを使うとグラフを直感的に編集できます．

解説

プロパティエディターを使えば表示に従ってグラフの様々な属性を指定することができます．ここでは 2 次元グラフを例に解説します．はじめに，編集対象のグラフをプロットし，凡例を表示させます．

```
>> x = linspace(0,2*pi);
>> y1 = sin(x);
>> y2 = cos(x);
>> plot(x,y1,x,y2); grid on
>> legend('sin(x)','cos(x)')
```

プロパティエディターを起動してみましょう．フィギュアウィンドウの表示メニュー（図 3.32）のプロパティエディターを選択すると，グラフの下にプロパティエディターが起動します．

図 **3.32** フィギュアウィンドウの [表示] メニュー

フィギュアウィンドウのメニューの下に表示されているアイコンの並んだ部分を Figure ツールバーといいます．このツールバー上にある白い矢印の [プロット編集] アイコンを選択し，フィギュアウィンドウ内をダブルクリックする操作でもプロパティエディターを起動させることができます．

では，グラフのラインを編集してみましょう．2 つのグラフのうちいずれかのラインをクリックしてみてください．すると，図 3.33 のようにラインが選択された状態になり，プロパティエディターの表示が切り替わります．このとき，プロパティエディターのタイトルには "Line" と表示されます．

この画面では，プロットタイプ（種類），ラインスタイル，太さ，色のほか，マーカーの種類やサイズや色などを簡単に変更できます．試しに，これらの属性を変更してみてください．コマンドで指定するよりもはるかに簡単に図の編

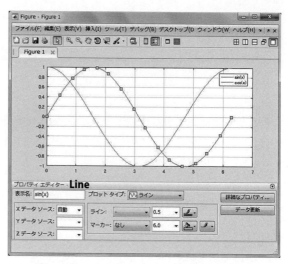

図 3.33　グラフのラインが選択された状態

集ができることがおわかりいただけると思います．なお，[詳細なプロパティ…]ボタンをクリックすると，**プロパティインスペクター**が起動し，さらに細かい属性の編集ができます（§3.14 参照）．

次に，座標軸の枠をクリックして選択してください．プロパティエディターの表示が図 3.34 のように変わり，タイトルに "Axes"（図 3.34 では，わかりやすいように上書きしてあります．）と表示されます．この画面でも様々な属性が編集可能です．一例として，x 軸の目盛りを変更してみましょう．上の図の [目盛り…] ボタンをクリックしてみてください．すると，図 3.35 に示す座標軸目盛りの編集ダイアログが表示されます．

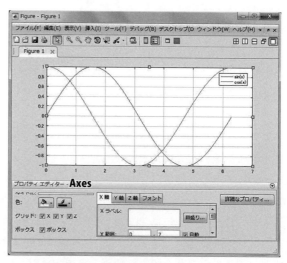

図 3.34　座標軸の枠が選択された状態

図 3.35 座標軸目盛りの編集ダイアログ

このダイアログでは，各軸の目盛りに対応するラベルや目盛り間隔を設定することができます．図 3.35 では，位置 0 に対応するラベルが編集状態になっています．ここには数字だけでなく文字列（日本語も可）を記入することができます．ここを空欄にすると，目盛りにラベルが表示されなくなります．

上述したように，このダイアログでは目盛りの間隔を設定することもできます．[X 軸の刻み] で [刻み] を選択し，入力欄に 0.5 を入力した後，[適用] ボタンをクリックしてみてください．すると，ダイアログの位置とラベルの数値が 0.5 間隔になり，それに対応してグラフの x 軸の目盛り間隔が 0.5 に変更されます．

さらに，座標軸の数字のフォントやサイズを変更してみましょう．図 3.34 に示したプロパティエディター (Axes) で [フォント] タブを選択してください．すると，図 3.36 のようにフォントに関する様々な属性を設定できるようになります．試しに，フォントのサイズを 12 ポイントに変更してみてください．

図 3.36 プロパティエディター (Axes) の [フォント] タブを選択した状態

MATLAB のグラフのデフォルトフォントサイズは少し小さいため，そのままレポートやスライドなどに用いると視認性が低くなることがあります．少し

手間はかかりますが，上の操作でフォントサイズを大きくしておくことをお勧めします（フォントサイズは状況に合わせて選択してください）．

最後に，凡例を編集してみましょう．グラフ中の凡例をクリックして選択してください．すると，プロパティエディターが図 3.37 の状態に切り替わり，タイトルに "Legend" と表示されます．凡例に関するプロパティエディターでは，図中の凡例の位置，文字のフォントやサイズなどの属性を変更できます．

図 3.37 凡例に関するプロパティエディター

以上，プロパティエディターを使った図の編集についておおまかに解説しました．プロパティエディターを使えば，ここで紹介していないものも含めて図のほとんどの属性を編集できますし，煩雑なコマンド操作から解放されます．

編集した図を Fig ファイル（§3.26 参照）に保存しておけば，再度プロパティエディターで編集可能です．後から編集する可能性のある図は Fig ファイルとして保存しておくとよいでしょう．

3.14 コマンドによる座標軸の属性の指定

前節では GUI 操作で座標軸のフォントサイズなどを変更しましたが，同じ操作をコマンドで実行することもできます．

☞ **ここがポイント**

set(gca,...) で座標軸の属性を指定します．

解説

前節で解説したように，グラフの属性はプロパティエディターを使って変更できます．さらに，プロパティインスペクターを使うと，プロパティエディターで指定できるものも含め，より細かい属性まで指定することができます．

何らかのグラフを表示させた上で，プロパティエディター (Axes) で [詳細なプロパティ…] ボタンをクリックしてみてください．すると，図 3.38 のように，左列に属性の名称，右列には対応する値が列挙された座標軸のプロパティイン

スペクターが表示されます．これらの値を書き換えることによって，グラフの様々な属性を変更することができます．

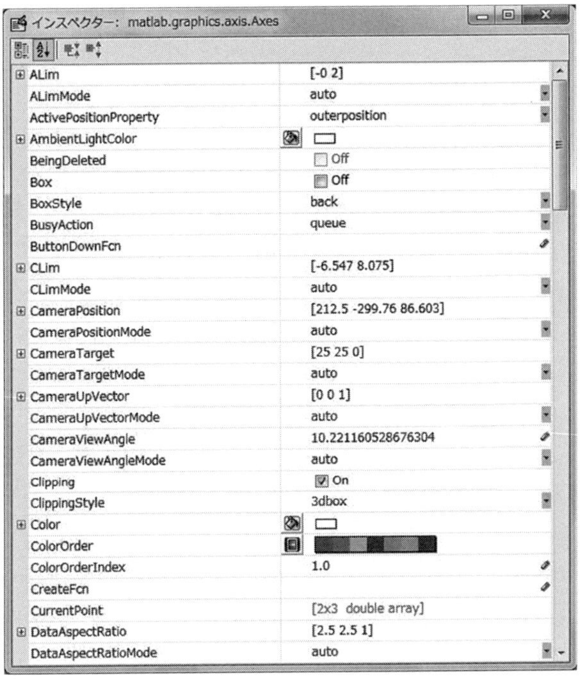

図 **3.38** 座標軸のプロパティインスペクターの例

例えば，フォントとそのサイズはそれぞれ FontName と FontSize の値を編集することによって変更可能です．このようなインスペクターでの操作は，コマンドでも実行することができます．

コマンドによる座標軸の属性を設定には，gca という変数を用います．この変数は，現在アクティブになっている座標軸の**ハンドル**を表します．ハンドルとは簡単に言うとその対象物を識別するための番号です．set を用いると，このハンドルに対して座標軸の属性を指定することができます．

はじめに，フォントとそのサイズを変更してみます．これらの属性を表す FontName，FontSize とそれに対応する値をペアにして set コマンドで指定します．

```
>> x = linspace(-5,5);
>> y = x.^3 - 2*x.^2;
>> plot(x,y,'LineWidth',2)
>> set(gca,'FontName','Arial','FontSize',20)
```

フォントとそのサイズが変わったことを確かめてください．

次に，座標軸の枠線の太さを 1 ポイントに変更する例を示します．この属性を表す LineWidth と数値を組み合わせて指定します．デフォルトの枠線の太さは 0.5 ポイントですが，枠線を太くすることによってグラフがくっきりした印象になりますので，レポートやプレゼンの資料にお勧めです．

```
>> set(gca,'LineWidth',1)
```

座標軸の各軸の目盛り間隔を指定することも可能です．以下の例では，x 軸と y 軸とも目盛りを 0.2 きざみに設定しています．

```
>> set(gca,'XTick',-2:0.2:2,'YTick',-2:0.2:2)
```

上述したように，set で指定できるグラフの属性はプロパティエディターやプロパティインスペクターで指定することができます．適宜これらを使い分けてください．

3.15 3次元グラフの視点の設定

3 次元グラフはどの方向から見た図を示すかがポイントになります．ここでは，視点の設定法を解説します．

> **☞ ここがポイント**
> GUI（[3 次元回転]）もしくはコマンド (view) で視点を設定します．

解 説

フィギュアウィンドウのメニューの下にある Figure ツールバーの 3 次元回転のアイコン（図 3.39（左））をクリックすると，マウスでグラフを動かし，視点を変更することができます．[ツール] メニューの [3 次元回転] を選択しても同じ操作が可能です．なお，視点が設定できるのは 3 次元グラフのみではなく，2 次元グラフでも同様の操作で回転させることができます．

図 3.39 （左）3 次元回転のアイコン（右）方位角と仰角の表示

このとき，フィギュアウィンドウの左下に "Az: -56 El: 62" といったような文字（図 3.39（右））が現れているのにお気づきでしょうか．これらの数値はそ

れぞれ方位角 (azimuth), 仰角 (elevation) を度の単位で表しています．これら
の2つの角度を用いることによって，図3.40に示すように視点が定まります．

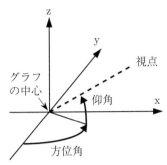

図 3.40 MATLABのグラフにおける方位角と仰角による視点の設定．ドキュメンテーションの中の図を改変．

　この図にあるように，方位角はz軸を中心とした水平方向の回転角です．その基準 (0°) はy軸の負の方向で，回転方向はz軸の正の方向から見て反時計回りです．水平面の上下方向が仰角の正負に対応しています．ちなみに，MATLABの3次元グラフにおける方位角と仰角のデフォルト値はそれぞれ $-37.5°$, $30°$です．

　3次元グラフの視点は，`view` というコマンドでも指定することができます．視点を厳密に指定したい場合や，複数のグラフで視点を共通にしたい場合などはこのコマンドを用いた方が効率的です．`view` には以下のように引数として方位角と仰角を与えます．

```
>> z = peaks;
>> mesh(z);
>> view(30,30)
```

なお，方位角と仰角を `view([30 30])` のようにベクトルで与えることもできます．

　`view` では視点を空間上の座標として指定することも可能です．この場合は座標をベクトルとして与える必要があります．

```
>> view([25 25 5])
```

　3次元グラフで上述のデフォルトの視点にリセットする場合には，以下のように引数に3を与えます．

```
>> view(3)
```

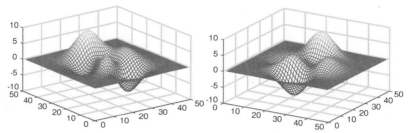

図 3.41 （左）デフォルトの視点（右）方位角 30°，仰角 30° の視点による表示

2 次元グラフの場合には引数を 2 とするとデフォルトの視点に戻ります．

3.16 フィギュアウィンドウの追加

複数のグラフや図を見比べるときなどのためにフィギュアウィンドウを追加する方法を解説します．アクティブなフィギュアウィンドウを切り替えるテクニックもご紹介します．

> ☞ ここがポイント
>
> GUI もしくはコマンド (figure) でフィギュアウィンドウを追加できます．figure はフィギュアウィンドウの切り替えにも使えます．

解 説

[ホーム] タブの [新規作成] から [Figure] を選ぶとフィギュアウィンドウが追加されます（図 3.42）．コマンドでフィギュアウィンドウを追加するには figure を実行します．

▶ [ヒント]
フィギュアウィンドウの [ファイル] メニューからも同様の操作が可能です．

図 3.42 [ホーム] タブの [新規作成] を選択した状態

```
>> figure
```

フィギュアウィンドウには番号が付けられていて，フィギュアウィンドウのタイトルに "Figure n" のように表示されます．この番号を figure の引数として与えると，対応するウィンドウをアクティブにして，デスクトップの手前に表示させることができます．例えば，2番目のフィギュアウィンドウをアクティブにするには以下のようにします．

```
>> figure(2)
```

様々なウィンドウが重なったデスクトップでマウスを使って目的のウィンドウを探すのは案外手間取るものです．このテクニックを覚えておけば，目的のフィギュアウィンドウを一発で手前に表示させられるので便利です．

3.17 グラフへの図形やテキストの挿入

グラフに矢印やテキストを入れることによってわかりやすくしたり，注目してほしいポイントを強調したりすることができます．他の画像編集ソフトを使わなくても色々な加工が可能です．

> ☞ **ここがポイント**
> GUI（[挿入]メニュー）もしくはコマンド（text など）で図形やテキストを入力できます．

解説

フィギュアウィンドウの [挿入] メニュー（図 3.14）には図形やテキストに関する機能も用意されています．PCで図を描いた経験のある方であれば，それらの機能や使い方はおおよそ見当がつくと思います．

▶ [ヒント]
フィギュアウィンドウの [表示] メニューの [プロット編集ツールバー] を選択すると，図形やテキストに関するツールバーが現れます．

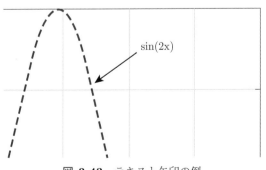

図 **3.43** テキスト矢印の例

[挿入] メニューのほか，コマンドも利用可能です．まず，テキストを入力するコマンドとして gtext と text があります．以下のように，入力したい文字列を引数にして gtext を実行すると，フィギュアウィンドウ上に十字のカーソルが表示され，マウスでクリックした位置にその文字列が表示されます．

```
>> gtext('しきい値')
```

▶ [ヒント]
GUI でグラフ内の座標を得る関数として ginput があります．

一方，text は文字列を入力する座標を引数で与える必要があります．gtext と違い GUI を使いませんので，文字列の位置を正確に指定したいときやプログラムによって自動的に図を作るときに使うとよいでしょう．

```
>> text(12,5,'しきい値')
```

このほか，グラフにラインを入力する line という関数もあります．しかし，一般に図形やテキストの入力に関しては，コマンドよりも GUI で入力する方が簡単です．

3.18　ヒストグラムのプロット

ある集団の年齢など 1 次元で表されるデータの分布の可視化にはヒストグラムがよく利用されます．

> 👉 **ここがポイント**
> ヒストグラムは histogram でプロットします．第 2 引数で分割数を指定することができます．

解　説

ヒストグラムはあるデータの集合をいくつかの段階に分割し，それぞれの頻度（度数）をプロットしたものです．ヒストグラムは棒グラフとしてプロットされることがほとんどです．

ヒストグラムは histogram で作成します．ここでは，0 から 1 までの一様分布の乱数を生成する rand を用いて，どのような分布になっているのか表示してみます．

▶ [ヒント]
rand の結果は実行のたびに変わりますので，読者がこれらのステートメントを実行しても図 3.44 とは異なる図が得られます．

```
>> x = rand(1000,1);         % 1,000 個の乱数
>> histogram(x)
```

一例を図 3.44 に示します．0 から 1 までが 10 段階に分割され，それぞれに含まれる数の個数が棒グラフとしてプロットされています．この分割された各

段階をビンと言います．すべてのビンの個数にばらつきがないのが乱数生成の理想ですが，1,000 個の乱数では多少ばらつきがあるようです．乱数の個数をもっと増やすとどうなるか試してみてください．

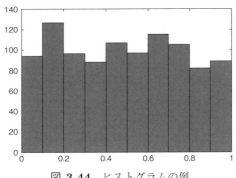

図 **3.44** ヒストグラムの例

ビンの個数は第 2 引数で指定することが可能です．以下のステートメントでは変数 x の範囲を 5 段階に分割し，ヒストグラムを表示します．

```
>> histogram(x,5)
```

3.19 散布図のプロット

2 次元データの分布の可視化には，データを平面上の点で示す散布図がよく利用されます．

ここがポイント

散布図は scatter でプロットできます．マーカーの種類やサイズの指定も可能です．

解説

散布図のプロットには scatter を用います．デフォルトでは各点が円状のマーカーで示されますが，オプションの指定によりほかのマーカーも利用できます．正規分布した乱数を生成する randn を用いて x 軸と y 軸のデータを生成し，散布図をプロットする例を示します．なお，axis equal（§3.10 参照）を用いて x 軸と y 軸の目盛り間隔を等しくしています．

▶［ヒント］
randn の結果は実行のたびに変わりますので，読者がこれらのステートメントを実行しても図 3.45 とは異なる図が得られます．

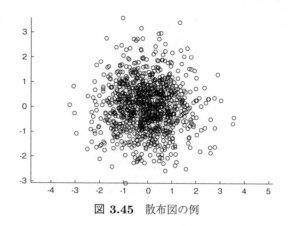

図 3.45 散布図の例

```
>> x = randn(1000,1);
>> y = randn(1000,1);
>> scatter(x,y)
>> axis equal
```

scatter の第3引数によってマーカーのサイズを指定することができます．この第3引数を第1，第2引数と同じ要素数のベクトルにすると，**バブルチャート**（図 3.46）をプロットすることができます．

```
>> a = 1:5;
>> b = [5 2 4 8 6];
>> c = [400 250 200 500 700];
>> scatter(a,b,c)
```

バブルチャートは3変数の関係の可視化に便利です．例えば，ある商品の月ごとの広告費と販売数を示す際，月を x 軸，広告費を y 軸，販売数をマーカーのサイズとして表すことができます．

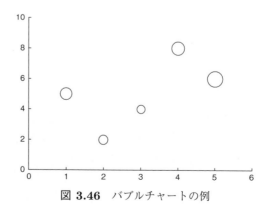

図 3.46 バブルチャートの例

3.20 離散データのプロット

MATLAB には信号処理の教科書で見るような離散データのグラフをプロットするためのコマンドも用意されています．

> **☞ ここがポイント**
> stem または stairs を用いてプロットできます．

解説

$x[n] = \alpha^n \cos\left(\frac{2\pi n}{N}\right)$ のグラフをプロットしてみます．ここで，$n = 0, \cdots, 50$，$\alpha = 0.95$，$N = 25$ とします．

```
>> n = 0:50;
>> alpha = 0.95;
>> N = 25;
>> y = (alpha.^n) .* cos(2*pi*n/N);
```

ここではあえて少し複雑な式を例にしてみましたが，4 行目の意味は理解できたでしょうか．変数 n はベクトルであるため，α^n のべき乗の計算では要素単位の演算（§2.7 参照）を使っています．α^n と $\cos\left(\frac{2\pi n}{N}\right)$ の乗算もベクトル同士の要素ごとの乗算ですので，ピリオド付きの演算子を使っています．

このような離散データをプロットするコマンドとして，**ステムプロット** (stem) と **階段状プロット** (stairs) を紹介します．いずれも使い方は plot と同様で，ラインの色やスタイル，マーカーなどを指定することもできます．

以下の例では，フィギュアウィンドウを上下に分割してこれらの図を表示させています（図 3.47）．

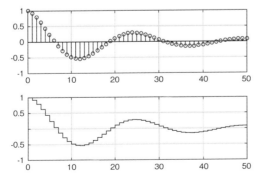

図 **3.47** （上）ステムプロット，（下）階段状プロット

▶ [ヒント]
stem(n,y,'filled') のように filled オプションを付けるとマーカー内が塗りつぶされます．

```
>> subplot(2,1,1)
>> stem(n,y); grid on
>> subplot(2,1,2)
>> stairs(n,y); grid on
```

3.21 円グラフの作成

円グラフは，データの各要素の比率を示すことができます．MATLAB では 2 次元，3 次元の円グラフを描くことができます．

> **ここがポイント**
> 2 次元円グラフは pie，3 次元円グラフは pie3 で描きます．

解説

円グラフを描くには pie を用います．円グラフを英語で pie chart というためこのようなコマンド名になっています．次のステートメントを実行すると，図 3.48 が得られます．x の各要素の比率に応じて，先頭要素から左回りに領域が指定されていることがわかります．Excel の円グラフとは逆向きに領域が決まりますので気を付けてください．

```
>> x = [1 2 2 4];
>> pie(x)
```

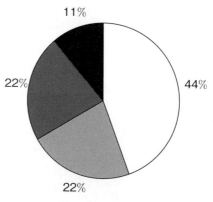

図 **3.48** 円グラフ

次のように切り離したい要素に 1，そうでない要素に 0 を指定したベクトルを与えることによって，図 3.49 のように扇形の一部を切り離すこともできます．

```
>> pie(x,[0 1 0 0])          % 2番目を切り離し
```

第1引数と第2引数のベクトルの長さは一致していなければなりません．

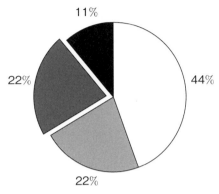

図 3.49　一部を切り離した円グラフ

上の図のように pie では自動的に各要素の比率がパーセントで表示されますが，ここに表示する文字列（ラベル）を指定することもできます．

```
>> pie(x,{'1st','2nd','3rd','4th'})
```

ただし，円グラフで比率を表示しないと各要素の正確な値がわからなくなったり，要素間の大小比較がやりにくくなったりする難点があります．そのため，データの可視化の目的によっては，円グラフではなく，ほかのタイプのグラフや表を用いることも検討してください．

pie3 を使うと3次元の円グラフも描くことができます．使い方は pie と同じです．

```
>> pie3(x)
```

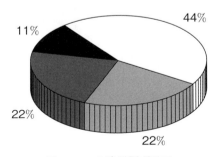

図 3.50　3次元円グラフ

3次元円グラフでもラベルを指定したり，扇形の一部を切り離したりすることができます．MATLAB の円グラフもなかなかの表現力があることがおわかりいただけたのではないでしょうか．

3.22 棒グラフの作成

前節では2次元，3次元の円グラフの描き方を解説しました．ここでは棒グラフの描き方を解説します．

> **☞ ここがポイント**
> 2次元棒グラフは bar, barh で描きます．前者は縦向きのグラフで，後者は横向きのグラフです．3次元棒グラフを描くことも可能です．

解 説

MATLAB では縦向きと横向きの2次元**棒**グラフを描くことができます．縦向きのグラフは bar，横向きのグラフは barh でプロットします．フィギュアウィンドウを左右に2分割して縦向きと横向きの棒グラフを描いてみましょう．図 3.51 のような棒グラフが得られます．

▶ [ヒント]
barh の h は horizontal の頭文字です．

▶ [ヒント]
bar(x,y) とすれば，x 軸の値も指定できます．

```
>> r = [8 9 1 9 6];
>> subplot(1,2,1); bar(r); title('bar')
>> subplot(1,2,2); barh(r); title('barh')
```

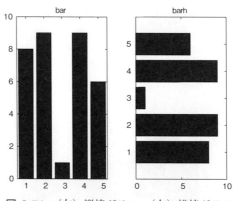

図 3.51 （左）縦棒グラフ，（右）横棒グラフ

上の例では引数としてベクトルを与えていますが，行列を与えると列ごとにデータをまとめてプロットされます．以下に 5 × 3 行列を与える例を示します（図 3.52）．

```
>> m = [-2 7 10; -1 -12 7; 15 7 -3; 14 16 3];
>> bar(m); grid on
```

グラフを図 3.53 のような積み上げ型で表示することもできます．この場合，引数として行列を与える必要があり，列ごとに値が積み上げられます．

```
>> n = [3 2 1; 2 4 5; 1 6 2];
>> bar(n,'stacked')              % 積み上げ型の棒グラフ
```

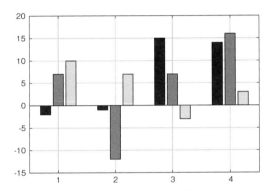

図 **3.52** bar の引数に行列を与えて得られる棒グラフ

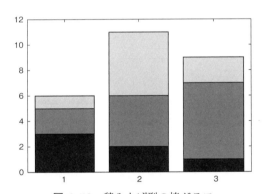

図 **3.53** 積み上げ型の棒グラフ

最後に，3 次元の棒グラフについて説明します．3 次元棒グラフも縦向きと横向きのプロットが可能です．縦向きのグラフは bar3，横向きのグラフは bar3h を使って描きます．以下にコマンドの例とその出力（図 3.54）を挙げておきます．

```
>> x1 = n(:,1);                  % 1 列目のみ抽出
>> bar3(x1)
>> x2 = n;
>> figure; bar3h(x2)
```

3次元の棒グラフでも，引数に'stacked'を指定することによって積み上げ型の表示が可能です．

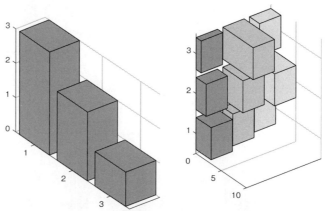

図 3.54　（左）bar3 の実行例　（右）bar3h の実行例

3.23　エラーバー付きのグラフのプロット

実験などのデータを示す際には，平均値だけを示すだけでは不十分で，その標準偏差なども併せて示す必要があります．グラフの中でこれらの値を示すエラーバー付きのグラフを表示する方法を解説します．

> ☞ **ここがポイント**
> errorbar でエラーバー付きのグラフを表示します．

解説

エラーバー付きのグラフを表示させるコマンドは errorbar です．このコマンドには，x 軸，y 軸のベクトルに加え，誤差のベクトルを与えて実行します．まず，エラーバーの長さが上下に等しい場合の例を示します．errorbar の第 3 引数として誤差のベクトルを指定すると，エラーバーの長さが誤差の値の 2 倍となるようにプロットされます．

```
>> x = 1:3;
>> y = [32.0 46.5 65.6];
>> e = [25.4 20.5 28.1];
>> errorbar(x,y,e)
```

3つの引数 (x, y, e) の要素数は等しくなければなりません．

エラーバーの長さを上下異なるようにしたい場合には，第3引数で下方向の長さを指定し，第4引数で上方向の長さを指定しします．

```
>> el = e / 2;
>> eu = e;
>> errorbar(x,y,el,eu)
```

これら一連のステートメントによりプロットされるグラフを図3.55に示します．

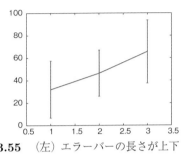 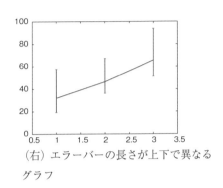

図 3.55 （左）エラーバーの長さが上下で等しいグラフ　（右）エラーバーの長さが上下で異なるグラフ

errorbarではplotで使用できる指定子（§3.1参照）を使用することができます．したがって，ラインの色を指定したり，マーカーを加えたりすることができます．また，§3.12で説明したオプションによる属性の指定も可能です．

これを応用してエラーバー付きの棒グラフを作る方法を解説します．まず，上記のデータを用いて棒グラフをプロットします．

```
>> bar(x,y)
```

このグラフにエラーバーを重ねて表示するためにグラフをホールドします．

```
>> hold on
```

次にエラーバーを表示させますが，そのまま実行すると図3.55のように横方向のラインも表示されてしまいます．必要なのは縦方向のエラーバーのみですので，次のようにして横方向のラインを表示させないようにします．

```
>> errorbar(x,y,e,'LineStyle','none')
```

横方向のラインを消す処理はプロパティエディター（§3.13参照）でも行うことができます．まずオプションなしでエラーバーを表示させ，次にプロパティエディターを起動させます．そして，エラーバーを選択した後，ラインに関す

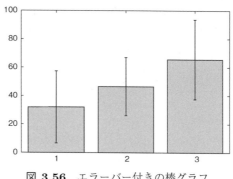

図 3.56　エラーバー付きの棒グラフ

るプルダウンメニューで "なし" を選択すれば，縦方向のエラーバーのみになります．

3.24　対数グラフのプロット

データの変動範囲が大きい場合には対数グラフを用いるとデータが見やすくなります．信号処理をはじめとして様々な分野で利用されます．

> ☞ **ここがポイント**
>
> 片対数グラフは `semilogx`, `semilogy` でプロットし，両対数グラフは `loglog` でプロットします．

解説

対数グラフには**片対数**グラフと**両対数**グラフがあります．前者は x 軸もしくは y 軸が対数で表示されたグラフであり，後者は 2 つの軸がともに対数で表示されたグラフです．

x 軸が対数で表された片対数グラフは `semilogx`，y 軸が対数で表された片対数グラフは `semilogy` でプロットします．次の例では `semilogy` を用いて $y = 2^x$，$y = 3^x$ のグラフ（図 3.57）をプロットしています．

```
>> x = -5:0.1:5;
>> y1 = 2 .^ x; semilogy(x,y1); hold on
>> y2 = 3 .^ x; semilogy(x,y2); grid on
>> hold off
```

▶ [ヒント]
　変数 x はベクトルであるため，要素単位のべき乗を用いて 2.^x のようにして計算します（§2.7 参照）．

ここで，上の 2 つの変数 y1 と y2 はいずれも負の値を持たないことに気をつけてください．負の値の対数をとることはできませんので，このような例を用いています．

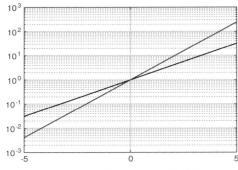

図 3.57　y 軸が対数表示された片対数グラフ

次に，両対数グラフをプロットしてみましょう．上で述べたように，負の値の対数をとることはできませんので，x 軸と y 軸の値は正の値を持つようにします．また，図 3.58 に示すように対数グラフでも plot と同様にマーカーやラインの属性を指定することができます．

```
>> x = 1:100;
>> loglog(x,x.^2,'o-'); grid on
```

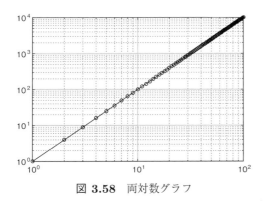

図 3.58　両対数グラフ

3.25　データカーソルの表示

グラフを見てデータの分析をしていると，グラフ上のある点の値を知りたいことがあると思います．そのようなとき，マウスを使ってその点の座標を直接知る方法があります．

ここがポイント

データカーソルでグラフ上の点の座標を表示させることができます．

解説

ここでは，§3.19 でプロットした散布図を例に解説します．フィギュアウィンドウの [ツール] メニューの [データカーソル]，もしくは Figure ツールバーのデータカーソルのアイコン（図 3.59）を選択すると，マウスカーソルの形状が十字に代わります．そのマウスカーソルでグラフ上の点を指定すると，その点の近くに図 3.60 のような小さいウィンドウ（**データヒント**）が現れ，その中に座標が表示されます．

図 **3.59** データカーソルのアイコン

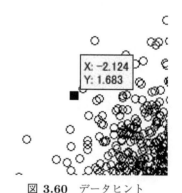

図 **3.60** データヒント

データヒントは複数表示させることもできます．座標軸内で右ボタンクリックするとメニューが表示されるので，その中の [新規データヒントを作成] を選択します．すると，再びマウスカーソルの形状が十字に変わり，データヒントを追加することができるようになります．シフトキーを押しながらマウスをクリックしても同じ操作を行うことができます．

データカーソルにはもう 1 つの表示スタイルが用意されています．座標軸内で右ボタンクリックし，表示されたメニューの中の [表示スタイル] → [Figure 内に画面表示] を選択します．すると，図 3.61 のように Figure ウィンドウの右隅に表示領域が現れ，その中に座標が示されます．ただし，この表示スタイルで表示される座標は 1 点分のみです．

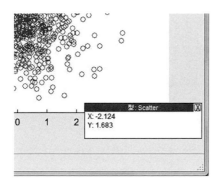

図 3.61　[Figure 内に画面表示] で座標を表示した状態

データカーソルで表示させた座標のデータは変数としてワークスペースに取り込むことが可能です．座標軸内で右ボタンクリックし，表示されたメニューの中の [カーソルデータをワークスペースにエクスポート…] を選択します．すると，変数名を指定するダイアログ（図 3.62）が現れますので，変数名を指定します．

図 3.62　ワークスペース上の変数の指定

データカーソルのデータはワークスペース上に構造体（§2.11 参照）として保存されます．この構造体は Target と Position という 2 つのフィールドから成ります．Target は座標軸に表示されているグラフに関する情報を持ち，Position は座標のデータを持ちます．例えば，cursor_info という変数に保存したとすると，以下のようにして座標のデータを表示させることができます．

```
>> cursor_info.Position
```

このような手順によって，グラフ上の特定の点の座標をワークスペースに取り込んで，演算することができます．

3.26　Fig ファイルへの保存

苦労して描いた図を先生や上司に見せたら，「ここのラインを太くして」とあっさり言われて描き直し… という経験をもつ方は多いでしょう．図を Fig ファイルに保存しておけば，後からまた編集することができます．

> **☞ ここがポイント**
> GUI（[保存]）もしくはコマンド (savefig) で Fig ファイルに保存します．

解 説

フィギュアウィンドウに表示された図を MATLAB Figure ファイル（Fig ファイル）として保存しておくと後から編集できます．このファイルの拡張子は .fig です．

Fig ファイルへの保存は GUI を使うのが簡単です．まず，フィギュアウィンドウの [ファイル] メニューから [保存] もしく [名前を付けて保存...] を選択します．そして，ダイアログで保存の形式として "MATLAB Figure (*.fig)" を指定し（図 3.63），ファイル名を入力して [保存] ボタンをクリックします．ファイル名の拡張子を .fig にすることを忘れないでください．

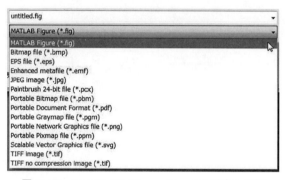

図 **3.63** MATLAB Figure ファイル形式の選択

試しに簡単なグラフをプロットして，GUI で Fig ファイルに保存してみましょう．

```
>> x = -2:0.1:2;
>> y = x.^2;
>> plot(x,y)
```

（この後，GUI で Fig ファイルに保存する）

そして，一旦そのフィギュアウィンドウをマウスで閉じます．

次に，MATLAB の [ホーム] タブの [開く] で先ほどの Fig ファイルを開いてみてください．すると，先ほど閉じた図が再び表示され編集できるようになります．

一連の作業をコマンドで行うこともできます．これには **savefig** と **openfig**

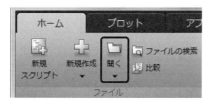

図 **3.64** [ホーム] タブの [開く] アイコン

を使います．複数のフィギュアウィンドウが表示されている場合には，マウスで選択するなどして，保存したい図のフィギュアウィンドウを事前にアクティブにしておきます．そして，savefig でファイル名を指定し Fig ファイルを保存します．

```
>> savefig('samplefig.fig')
```

▶ [ヒント]
　フィギュアウィンドウの選択，切り替えは figure でも可能です（§3.16 参照）．

そして，close でそのフィギュアウィンドウを閉じます．もちろん，マウスで閉じてもかまいません．

```
>> close
```

▶ [ヒント]
　close all で全てのフィギュアウィンドウを閉じることができます．

閉じた図を再び開くには openfig を使います．

```
>> openfig('samplefig.fig')
```

GUI とコマンドはお好みで使い分けていただいてかまいませんが，Fig ファイルへの保存の方法はぜひ覚えておきましょう．

3.27　画像ファイルへの保存

前節で解説した Fig ファイルは，MATLAB を持っている人しか開くことができません．そこで，図を BMP や EPS などの画像ファイルとして保存する方法を解説します．

― ここがポイント ―
GUI（[保存]）もしくはコマンド (print) でファイルに保存します．

解説

フィギュアウィンドウに表示された図を画像ファイルに保存するには GUI を使うのが簡単です．フィギュアウィンドウの [ファイル] メニューから [保存] もしくは [名前を付けて保存…] を選択します．すると，ファイルを指定するダイ

アログが表示されます．

そのダイアログ上の形式を選択するプルダウンメニュー（図3.65）で，希望するファイル形式を選択します．このプルダウンメニューでは，BMPファイルやEPSファイルをはじめとした多数のファイル形式が選択可能です．そして，ファイル名を入力し，[保存] ボタンをクリックします．ファイル名にはファイル形式に合った拡張子を付けることを忘れないでください．

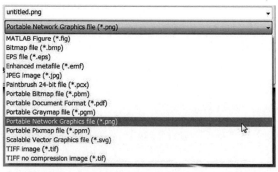

図 **3.65**　形式を選択するプルダウンメニュー

▶ [ヒント]
　print を引数なしで実行すると図を印刷することができます．

コマンドで実行する方法もご紹介しておきましょう．プロットの保存には print を用います．ここでは PNG 形式の peaks.png というファイルに保存してみます．

```
>> z = peaks;
>> mesh(z)
>> print('peaks.png','-dpng')
```

ファイル形式は -d の後の文字列（上の例では png）で指定します．

ファイルの拡張子を省略して以下のように実行しても，自動的に拡張子が付けられて peaks.png というファイルに保存されます．

```
>> print('peaks','-dpng')
```

代表的なファイル形式について print での指定法を表3.4に示します．この表に示しているのは MATLAB で保存できるファイル形式の一部ですので，詳しくは print のドキュメンテーションを参照してください．

表 3.4 ファイル形式の指定法（一部）

ファイル形式	拡張子	`print` での指定法
BMP（カラー）	.bmp	`-dbmp`
BMP（モノクロ）	.bmp	`-dbmpmono`
EPS（レベル 3, カラー）	.eps	`-depsc`
EPS（レベル 3, モノクロ）	.eps	`-deps`
JPEG	.jpg	`-djpg`
PDF	.pdf	`-dpdf`
PNG	.png	`-dpng`
PostScript（レベル 3, カラー）	.ps	`-dpsc`
PostScript（レベル 3, モノクロ）	.ps	`-dps`
SVG	.svg	`-dsvg`
TIFF（圧縮あり）	.tif	`-dtiff`
TIFF（圧縮なし）	.tif	`-dtiffn`

第4章　プログラミングの基本

［ねらい］
　同じ処理を繰り返したり，条件によって処理を変えたりといった作業を自動的に行ってくれるのがプログラムです．この章では関数を自作するためのプログラミングの基本について解説します．短いプログラムでも思ったように動くとうれしいものです．難しそうと敬遠せずに，一度体験してみてください．

［この章の項目］
　　環境の準備
　　スクリプトの作成
　　さまざまな関数の作成
　　ヘルプの作成
　　検索パスの設定

4.1 フォルダーとエディターの準備

プログラムの作成に先立って，プログラムを保存するフォルダーを作成します．そして，プログラムの編集に用いるエディターを起動してみます．

> ☞ **ここがポイント**
>
> フォルダーに関する操作は現在のフォルダーツールバーおよびコマンドで実行可能です．また，高機能なエディターが提供されています．

解 説

スカラーや配列などの変数はワークスペース上に作成していましたが，プログラムはファイルとして作成します．そこで，プログラムを保存するためのフォルダーを作り，そこに移動してください．

フォルダーに関する操作は，現在のフォルダーツールバー（§1.2 参照）を用いて行うことができます．アイコンをクリックすれば GUI 操作でフォルダーを作成したり移動したりできます．MATLAB の初回起動時に Documents フォルダーの下に MATLAB というフォルダーができますので，その下にフォルダーを作るとわかりやすいでしょう．

GUI 操作のほか，UNIX 系 OS に由来する `cd`, `pwd`, `mkdir` などのコマンドでフォルダーの操作ができます．ただし，`rm` の代わりに `delete` を使うなど若干の違いもあります．詳しくはドキュメンテーションを参照してください．

参考までに紹介しておきますが，MATLAB では起動時のフォルダーを設定しておくことができます．[ホーム] タブの [環境] セクションにある [設定] を選択すると，設定に関するダイアログが表示されます．その中の [一般] の中に [初期作業フォルダー] という項目がありますので，ここで指定します．

次に，プログラムを作成する**エディター**を起動してみます．Windows のメモ帳などほかのエディターを使うこともできますが，本書では MATLAB のエディターを利用して解説します．エディター起動のコマンドは `edit` です．

```
>> edit
```

デフォルトの状態ではエディターは図 4.1 のようにデスクトップ上の 1 つのパネルとして現れます．ほかのパネルと同様に，最小化したりドックから出したりすることができます（§1.2 参照）．

[ホーム] タブの [環境] セクションの [設定] では，エディターに関する設定を行うこともできます．例えば，エディターで使われるフォントやそのサイズは，§1.4 で解説したように，[フォント] の設定画面で変更できます．

また，図 4.2 に示す [エディター/デバッガー] の設定画面ではエディターの選択などが可能です．この設定画面では 1 つ注意が必要な点があります．それは，「自動的にファイルを変更」の「ファイル以外の場所をクリックしたときに変更を保存」の項目です．この項目をオンにしておくと，エディター以外の部分をクリックするだけでプログラムを保存できるのですが，その一方で，自分ではプログラムを保存したつもりがなくてもファイルが上書きされてしまうことがあります．この機能は好みが分かれると思いますので，使い勝手を試しながら設定するとよいでしょう．

図 4.1　エディターが起動した様子

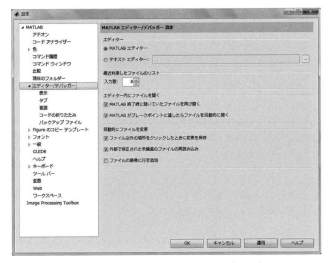

図 4.2　エディターに関する設定画面

4.2 スクリプトの作成

複数のステートメントから成る処理をまとめて 1 つのコマンドにすることができます．時間のかかる処理を自動的に実行させたり，一連の処理を繰返し実行させたりする際に便利です．

☞ **ここがポイント**

実行順にステートメントを書き，拡張子 .m を付けたファイルに保存すればスクリプトのできあがりです．

解　説

MATLAB のプログラムは**スクリプト**と関数に大別されます．いずれも拡張子が .m のファイルに保存されるため，**M ファイル**と呼ばれます．この節ではスクリプトについて解説します．

スクリプトは実行したい一連の処理をファイルに列挙したものです．スクリプトを実行すると，それらの処理が上から順に実行されます．このような処理は**バッチ処理**とも呼ばれます．1 つ 1 つに時間のかかる計算を行う場合，それぞれの処理が終わるのを待ってコマンドを入力していては効率が悪くなります．このようなときにスクリプトを利用すれば，利用者がコンピューターにはりついていなくても処理を自動的に進めることができます．

スクリプトは定型の処理をひとまとめにしておくことにも利用できます．例えば，グラフのプロットに関する一連の処理をスクリプトに書いておけば，こまごまとした属性の設定を毎回コマンドウィンドウに入力する手間が省けます．一例として以下のような処理を考えます．

```
>> x = linspace(0,2*pi);
>> y = sin(x);
>> plot(x,y,'k','LineWidth',2); grid on
>> set(gca,'FontSize',16,'LineWidth',1)
>> savefig('sin_x.fig')
```

▶ [ヒント]
　gca については §3.14 を参照してください．

▶ [ヒント]
　現在のフォルダーにないスクリプトを実行するには検索パス（§4.15 参照）を設定する必要があります．

この処理をスクリプトにしてみましょう．これに先立って，現在のフォルダーが前節で作成したプログラム保存用のフォルダーになっていることを確認してください．確認が済んだら，エディターを起動し，図 4.3 のように上の一連の処理を入力します．

この例では，1 行目に % から始まる行を入れています．MATLAB では % 以降の文字はコメントと見なされ，この部分は処理に影響しません．そこで，% 以降にこのスクリプトについての説明を書いています．

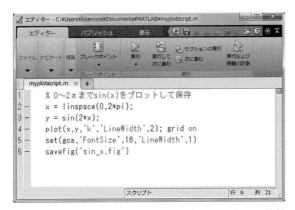

図 4.3 エディターにスクリプトの内容を入力した状態

入力後, [ファイル] セクションの [保存] をクリックして保存します. 拡張子は必ず .m にしてください. ここでは, myplotscript.m というファイル名で保存したとします. このスクリプトを実行するには, ファイル名の拡張子以外の部分をコマンドウィンドウに入力します. このファイル名の場合, 以下のようにすると実行できます.

```
>> myplotscript
```

スクリプトを実行することは, そこに書かれた一連の処理をコマンドウィンドウで実行することと同じです. したがって, ワークスペース上に存在している変数をスクリプト内で利用することができます. また, スクリプト内で生成された変数 (この例では x と y) はワークスペース上に残ります. この点は, 次節で解説する関数と大きく異なります.

このほか, 行末のセミコロンについてもコマンドウィンドウにおける実行と同じです. つまり, 行末にセミコロンを付けなければコマンドウィンドウに戻り値が表示され, セミコロンを付ければそれが表示されません.

一度スクリプトを作れば, それを繰返し利用することができます. また, 内容を編集することによって異なる処理を行わせることもできます. 例えば, 以下では $\sin x$ を $\sin 2x$ に変更しています.

▶ [ヒント]
スクリプトには後述の条件分岐や繰返し処理を入れることもできます.

プログラム 4.1　myplotscript.m

```
1  % 0〜2πまでsin(2x)をプロットして保存
2  x = linspace(0,2*pi);
3  y = sin(2*x);
4  plot(x,y,'k','LineWidth',2); grid on
5  set(gca,'FontSize',16,'LineWidth',1)
6  savefig('sin_2x.fig')
```

変更を保存した上で再び myplotscript を実行すれば，$\sin 2x$ のグラフが表示され，それが Fig ファイル (sin_2x.fig) に保存されます．

4.3 関数の作成

いよいよ本格的なプログラミングにチャレンジします．引数を与えて戻り値を得る関数を自作するための方法を解説しますので，基本の形をしっかり覚えてください．

> ☞ **ここがポイント**
> 1行目の function から始まる行で関数の名前，引数，戻り値を決めます．

解説

これまでの章では様々な関数を紹介してきました．スクリプトと異なり，関数は引数によって処理内容や処理結果が変化します．本節以降ではこのような関数を自作する方法を解説します．作成した関数は，MATLAB で提供されている関数（ビルトイン関数）と同じように利用することができます．

関数は以下の手順で作成します．

1. 1行目に function から始まる行を書く
2. 2行目以降に処理内容を書く
3. 最終行に end と書く
4. 関数名.m という M ファイルに保存する

この後に，狙い通りに動作するか確認し（**テスト**），必要に応じて処理内容を修正する（**デバッグ**），という作業が続きます．なお，最終行の end は省略することもできます．

関数の1行目は次のような形式で書きます．これを**関数の宣言**といいます．

```
function [戻り値1, 戻り値2,…] = 関数名 (引数1, 引数2,…)
```

引数や戻り値を持たない関数を作ることもできます．例えば，戻り値を持たない関数は以下のような形式になります．

```
function 関数名 (引数1, 引数2,…)
```

また，戻り値が1つのときは以下のように戻り値を囲むブラケットを省略することができます．

```
function 戻り値 = 関数名 (引数1, 引数2,…)
```

では，簡単な処理を行う関数を作成してみましょう．今回もあらかじめプログラム保存用のフォルダーに移動しておいてください．はじめに，2つの値を加算する関数を作ってみます．もちろん関数を作るまでもない処理ですがそこは大目に見てください．

[エディター] タブの [新規作成] の上の十字のアイコンをクリックすると新規ファイルが現れます．[新規作成] から [関数] を選択すると関数のひな形が入力済みのファイル現れますので，それを利用してもかまいません．その新しいファイルに以下のプログラムを入力します．

▶ [ヒント]
　現在のフォルダーにない関数を実行するには検索パス（§4.15 参照）を設定する必要があります．

プログラム 4.2　myadd.m

```
1  function c = myadd(a,b)
2  % 加算
3
4  c = a + b;
5
6  end
```

ここで入力を誤るとプログラムが正しく動かなくなりますので1文字1文字確認してください．ただし，2行目はコメントですので，入力しなくてもかまいません．入力が済んだらファイルを保存します．このとき，myadd.m（関数名.m）というファイル名で保存してください．別のファイル名で保存すると関数が実行できなくなります．

―注意！――――――――――――――――――――――――――――

　ビルトイン関数と同じ名前の関数を作ると，そのビルトイン関数が利用できなくなってしまいます．なぜなら，MATLABでは，現在のフォルダーに存在する関数が優先的に利用されるからです．

　例えば，plot.m という自作の関数を現在のフォルダーに保存すると，その関数がコマンド plot として機能し，ビルトイン関数の plot は機能しなくなってしまいます．MATLAB に不慣れなうちはやってしまいがちなミスですので気をつけてください．

――――――――――――――――――――――――――――――――

作成した関数はビルトイン関数と同じように使用できます．

```
>> y = myadd(5,3)

y =

    8
```

第1引数の5はプログラム4.2内の変数aに，第2引数の3は変数bに代入されます．これらの変数がプログラムの4行目で加算され，その結果が変数cに代入されます．そして，そのcの値がこの関数の戻り値となるのです．

　Cなどのプログラミング言語では戻り値をreturnで明示的に指定しますが，MATLABではその必要はありません．1行目の宣言文で指定した戻り値の変数（プログラム4.2ではc）に代入された値が戻り値となります（図4.4参照）．

```
function c = myadd(a,b)
% 加算
    c = a + b;
end
```

図 4.4 プログラム 4.2 の戻り値

　スクリプトの場合と異なり，関数内で使われる変数はその処理の中でのみ有効で，ワークスペースでは戻り値だけが利用できます．例えば，以下のようにあらかじめワークスペース上に変数aが存在していても，myaddの実行によりその値が影響を受けることはありません．

```
>> a = 1;
>> y = myadd(5,3);
>> a                          % aの値を確認

a =

     1
```

このように，変数aの値はmyaddの実行前後で変化しません．つまり，myaddの中の変数aは，ワークスペース上の変数aと別物ということです．これは重要な点ですのでよく理解しておいてください．

4.4　if文による条件分岐

　関数の機能が高度，複雑になると，「Aの場合にはBし，それ以外の場合にはCする」というような条件分岐の処理が不可欠になります．

4.4 if 文による条件分岐

ここがポイント

if 文を使うことによって場合分けの処理を行うことができます．

解説

条件分岐を含む関数の例として，スカラーの絶対値を求める関数を考えてみましょう．プログラミングの経験が少ない間は，いきなりプログラムを書こうとせず，まずはその処理を実現する手順をじっくり考えることをお勧めします．

この関数の引数と戻り値はどちらも 1 個のスカラーです．そして，引数が負の場合にはその符号を反転し，それ以外の場合にはそのまま戻り値とすればよいはずです．このような場合分けの処理は **if 文**を用いて表します．

if 文は以下のような形をとります．

```
if 条件
    処理
else
    処理
end
```

if の後の条件が成立する場合には，それに続く処理が実行されます．上の例では「引数は負か？」が条件となります．その条件が満たされない場合には else に続く処理が実行されますが，else およびそれに続く処理は省略することもできます．また，end を省略することはできません．

条件では表 4.1 のような**関係演算子**を用いた判定が可能です．なお，a == b のような条件を表す表現を**条件式**といいます．また，条件が満たされることを「条件が**真**である」，条件が満たされないことを「条件が**偽**である」といいます．

▶ [ヒント]
　if と同様に条件分岐の処理を実行できるものとして switch があります．詳しくはドキュメンテーションを参照してください．

▶ [注]
　== を = と間違わないように気をつけましょう．

▶ [注]
　MATLAB では「a と b は異なるか？」は a != b ではありません．

表 4.1 関係演算子とその意味

関係演算子	意味
a == b	a と b は等しいか？
a ~= b	a と b は異なるか？
a >= b	a は b 以上か？
a > b	a は b より大きいか？
a <= b	a は b 以下か？
a < b	a は b より小さいか？

では，絶対値を求める以下のプログラムをエディターに入力し，保存してください．このプログラムでは，4 行目で引数 x が負か否かを判定し，もしその

条件が真であれば5行目が実行され，偽であれば7行目が実行されます．そして，yの値が戻り値となります．

プログラム 4.3　myabs.m

```
1  function y = myabs(x)
2  % 絶対値を求める
3
4  if x < 0                    % xが負なら
5      y = -x;                 % xの符号を反転させてyに代入
6  else                        % そうでなければ
7      y = x;                  % xをyに代入
8  end
9
10 end
```

プログラムを保存したら，引数に様々なスカラーを与えて実行し，狙い通りに絶対値が得られることを確認してください．

```
>> myabs(-2)                   % 正の値に変換

ans =

     2

>> myabs(10.2)                 % 値に変化なし

ans =

    10.2
```

ところで，エディターでプログラム 4.3 を入力した際，5行目と7行目の先頭が自動的に字下げされたことにお気づきでしょうか．これは**インデント**と呼ばれ，プログラムの構造を視覚的に表すためのものです．例えば，4行目の条件が真のときには，その直後のインデントのついた行，つまり5行目が実行されることがわかります．インデントは，プログラムの理解を助け，プログラムの誤り（バグ）を見つけやすくする効果があります．

編集の過程でインデントが崩れてしまった場合には，その部分もしくはプログラム全体を選択した上で，[エディター] タブの [編集] セクションの [インデント] → [スマート] を選択します．これによって，プログラムの構造に沿ったインデントが自動的に付けられます．

4.5 複雑な条件式

条件分岐の条件が複雑になってくると，2つの条件を両方満たす場合，もしくはそのどちらかを満たす場合に処理を行いたい場合が出てきます．ここではそのような条件について解説します．

> ☞ **ここがポイント**
> 複数の条件を組み合わせて複雑な条件を設定することができます．

解説

「成人男性」とは，年齢が20歳以上で，性別が男性の人を指します．また，「成人」とは，年齢が20歳以上で，性別が男性か女性の人を意味します．このように，複数の条件の組合せによってものごとが決まることは少なくありません．if文でこのような複数の条件を組み合わせて利用するには，表4.2に示す**論理演算子**を用いて複数の条件式を連結します．

表 4.2 論理演算子

論理演算子	意味
&&	かつ（論理積）
||	または（論理和）

例えば，条件1と条件2の双方とも真であるかを調べる場合（条件1が真かつ条件2が真）は，次のように書きます．

条件1 && 条件2

これを条件1と条件2の**論理積**といいます．論理積の判定にあたっては，まず条件1の判定が行われ，それが真である場合に限り条件2の判定が行われます．逆に言えば，条件1が偽である場合には条件2の判定は行われません．

一方，条件1と条件2の少なくとも一方が真であるかを調べる場合（条件1が真または条件2が真）は，次のように書きます．

条件1 || 条件2

これを条件1と条件2の**論理和**といいます．論理和の判定にあたっては，まず条件1の判定が行われ，それが偽である場合に限り条件2の判定が行われます．つまり，条件1が真であれば条件2の判定は行われません．

では，論理演算子を使ったプログラムの例を見てみましょう．ここでは，引数がスカラーかベクトルか行列かを判定する関数を作ってみます．

▶ [ヒント]
「少なくとも一方が真である場合」ですから，双方とも真である場合も含まれます．

▶ [ヒント]
スカラーは1個の数値で表される量，ベクトルは1行または1列に並べられた配列（§2.1参照），行列は平面状に並べられた配列（§2.5参照）です．

プログラム 4.4 vartype.m

```
1  function type = vartype(x)
2  % 変数のタイプを判定
3  
4  [m,n] = size(x);
5  if m > 1 && n > 1
6     disp('行列')
7     type = 'matrix';
8  elseif m == 1 && n == 1
9     disp('スカラー')
10    type = 'scalar';
11 else
12    disp('ベクトル')
13    type = 'vector';
14 end
15 
16 end
```

この例の 8 行目の elseif は別の条件を設定するために用いられます．また，6 行目などで用いられている disp は引数をコマンドウィンドウに表示するコマンドです．プログラム 4.4 では 4 行目で引数のサイズ（行数と列数）を求め，それらがともに 1 より大きければ行列，いずれも 1 であればスカラー，それ以外（行数か列数のいずれかが 1）であればベクトルと判定します．そして，戻り値として matrix, vector, scalar のいずれかの文字列を返します．

3 つ以上の条件を論理演算子で連結することも可能です．実用的ではありませんが，引数で与えたスカラーが 3 または 5 の倍数の正の値かを判定する関数を以下に示します．

プログラム 4.5 baisu.m

```
1  function baisu(x)
2  % 3 または 5 の倍数の正の値かを判定
3  
4  if x > 0 && mod(x,3) == 0 || mod(x,5) == 0
5     disp('正かつ3か5の倍数')
6  end
7  
8  end
```

4行目で使われているmodは除算の余り(剰余)を返す関数です.例えば,mod(6,3)は0となりますので,mod(x,3)が0であれば,変数xの値は3の倍数ということになります.

プログラム4.5の引数として10が与えられた場合の4行目の処理を考えてみましょう.ここで,x > 0を条件A,mod(x,3) == 0を条件B,mod(x,5) == 0を条件Cと呼ぶことにします.

まず,変数xは正ですので,条件Aは真となります.上述のように2つの条件が&&で連結されている場合,1つ目の条件が真であれば2つ目の条件の判定が行われます.したがって,次に条件Bが判定されます.10を3で割った余りは1であるため,条件Bは偽となります.条件Bと条件Cの間の論理演算子は||ですので,条件Bが偽であれば条件Cの判定が行われます.10を5で割った余りは0となりますので,条件Cは真となります.以上の処理により,変数xが10のとき,条件全体は真であると判定され,5行目が実行されます.

最後に,**否定**を表す ~ について解説します.例えば,3つのテストの点数がいずれも50点を超えなければ落第という判定を行うif文は,次のプログラムの4行目のように書くことができます.このとき,~は丸カッコ内の条件を否定する働きをします.そのため,変数s1, s2, s3が50より大きくない,つまりいずれかの値が50を超えない場合に「落第」と表示されます.

プログラム 4.6　rakudai.m

```
1  function rakudai(s1,s2,s3)
2  % 3つのテストの点数から落第を判定
3  
4  if ~(s1 > 50 && s2 > 50 && s3 > 50)
5      disp('落第')
6  end
7  
8  end
```

4.6　while文による繰返し

プログラムの利点の1つは,同じ処理を何回でも正確に実行してくれるところです.ここでは,繰返し処理を実現する方法の1つであるwhile文について解説します.

> **☞ ここがポイント**
> while 文では条件が満たされる間は処理が繰り返されます．

解 説

同じ処理を繰り返さなければならないとき，コマンドウィンドウにいちいちコマンドを入力するのは面倒ですし，入力ミスが起きそうです．このような場合には**繰返し処理（ループ）**を使ってプログラムを作るのが便利です．

ここでは，while 文を使った繰返し処理について解説します．while 文は以下のような形をとります．

```
while 条件
   処理
end
```

while の後の条件が満たされる間は処理が繰り返されます．条件には if 文と同様に関係演算子や論理演算子などを利用できます．

while 文を使ったごく簡単なプログラムの例を示します．このプログラムは，1 から引数で指定した数までの整数を表示するものです．

プログラム **4.7**　whilesample.m

```
1  function whilesample(n)
2  % 整数の表示
3  
4  i = 1;
5  while i <= n
6     disp(i)              % iを表示
7     i = i + 1;           % iに1を加算
8  end
9  
10 end
```

このプログラムでは，まず 4 行目で変数 i に 1 を代入しています．このように変数に最初の値を代入することを**初期化**といいます．5 行目の条件 (i <= n) は，i がこの関数の引数 n 以下の間に処理が繰り返されることを示しています．6 行目は i の値を表示し，7 行目では i の値を 1 増やしています．そのため，while 文の処理中，i の値は 1 ずつ増えていくことになります．

この 7 行目の処理は重要です．仮にこの行がなければ，i の値は 1 のままとなります．そのため，永遠に 5 行目の条件が真となり 6 行目の処理が繰り返さ

れ続ける**無限ループ**に陥ってしまいます．もし，プログラムのミスにより無限ループに陥ってしまった場合には，キーボードのコントロールキーとcキーを同時に押せばプログラムの実行を強制的に終了させることができます．

なお，§1.7でiは虚数単位を表すと説明しました．しかし，4行目でiに0が代入されているため，この関数の中ではiは虚数単位としてではなく，一般の変数として利用されます．

次に，プログラム4.7を基にして，引数で与えた整数mとnに対して，mからnまでの和を求めるプログラムを作ってみましょう．わざわざプログラムを作らずとも，例えば$m=2$, $n=5$の場合に以下のように1行で計算することができるのですが，ここでは練習としてsumを使わずに作ります．

```
>> sum(2:5)
```

まず，和を保存する変数を用意して0で初期化します．そして，繰返し処理によってその変数にmから順に1つずつ加算していけば，最終的にmからnまでの総和が得られます．これをプログラムにすると以下のようになります．ただし，これはあくまでも1つの例で，別の書き方も可能です．

プログラム 4.8　mysum.m

```
1  function s = mysum(m,n)
2  % mからnまでの和を計算
3
4  s = 0;                    % 和を保存する変数
5  i = m;
6  while i <= n
7    s = s + i;              % sにiを足す
8    i = i + 1;              % iを1増やす
9  end
10
11 end
```

繰返し処理を使って数の総和を求める処理はプログラムによく出てきます．こういった定型パターンを覚えておくとプログラミングが楽になります．

4.7　for文による繰返し

前節では繰返し処理を実現する方法の1つであるwhile文について解説しました．本節ではもう1つの方法であるfor文について解説します．

> **☞ ここがポイント**
> for 文では繰返し処理の範囲があらかじめ決まっています．

解 説

前節で解説した while 文では条件が真である限りは（場合によっては無限に）処理が繰り返されます．それに対して，for 文では変数が指定した範囲を変化する間のみ処理が繰り返されます．for 文は以下のような形をとります．

```
for 変数 = 値のリスト
   処理
end
```

値のリストとしては主にベクトルが使われますが，行列も利用できます．

前節のプログラム 4.7 を for 文で書いたものを以下に示します．

プログラム 4.9 forsample.m

```
1  function forsample(n)
2  % 整数の表示
3
4  for i = 1:n
5      disp(i)                    % iを表示
6  end
7
8  end
```

このプログラムの 4 行目では，変数 i が 1 から n まで 1 ずつ増える間に繰返し処理が実行されることを意味しています．この部分にはコロン演算子を用いたベクトル生成（§2.2 参照）が利用されています．while 文と異なり，変数 i の初期化と更新（前節のプログラム 4.7 の 4 行目と 7 行目）の処理を書く必要がありません．

なお，for 文や while 文などはプログラム内に限らず，コマンドウィンドウでも利用可能です．例えば，以下のようにして for 文を実行できます．

```
>> for i = 1:10
disp(i);
end

（出力は略）
```

次に，for 文の中で if 文を使う例を見てみましょう．次のプログラムは**矩形波**

（くけいは）を生成するものです．矩形波は2つの値（この関数では1と−1）を周期的に繰り返す波形で，方形波（ほうけいは）とも呼ばれます．この関数は角周波数を引数にして，x軸とy軸の値を戻り値として返します．

プログラム 4.10 　squarewave.m

```
1  function [x,y] = squarewave(omega)
2  % 矩形波の生成
3  
4  x = linspace(0,2*pi);      % 0〜2π
5  y = sin(omega*x);          % 正弦波
6  for i = 1:length(y)
7    if y(i) >= 0
8      y(i) = 1;
9    else
10     y(i) = -1;
11   end
12 end
13 
14 end
```

このプログラムでは，まず5行目で角周波数 omega の正弦波 y を生成します．次に，y の全ての要素，つまり y の1番目から length(y) 番目（末尾）の要素について，もし0より大きければ1，小さければ−1に置き換えます．これによって，正弦波が矩形波に変換されます．

この関数は以下のようにして実行できます．矩形波のグラフが表示されることを確認してください．

```
>> [x,y] = squarewave(3);
>> stairs(x,y)
```

本節では for 文について解説しましたが，MATLABでは行列（ベクトル）同士の演算を活用したり，ビルトイン関数を利用したりすることによって，for 文を使わなくても目的の処理を実現できることが少なくありません（§7.8，§7.9参照）．

4.8　自作の関数の呼出し

自作の関数の中ではほかの関数（ビルトイン関数，自作の関数）を利用することができます．このように利用することを関数を呼び出すといいます．

> ☞ **ここがポイント**
> ビルトイン関数と自作の関数は区別なく呼び出すことができます．サブルーチンを作ることも可能です．

解説

▶ [ヒント]
　ビルトイン関数とはMATLABにあらかじめ用意されている関数のことです．

　前節で作成した矩形波を生成する関数（プログラム 4.10）では，`linspace`, `sin`, `length` といったビルトイン関数を利用していました．同じようにして自作の関数を呼び出すこともできます．ただし，呼び出す側と呼び出される側のプログラムがどちらも同じフォルダーに保存されているか，もしくは呼び出される側のプログラムが**検索パス**に含まれるフォルダーに保存されている必要があります（§4.15 参照）．

　本節では，一例として音波の波長を計算するプログラムを作ります．音波の波長 λ [m]，音速 c [m/s]，周波数 f [Hz] の間には，

$$\lambda = \frac{c}{f} \tag{4.1}$$

という関係があり，気温 t [°C] のときの音速は，

$$c \simeq 331.5 + 0.6t \tag{4.2}$$

で近似できます．これらの関係を利用して気温と周波数から波長を求める関数を作ります．ここでは，気温から音速を求める部分は別の関数（M ファイル）として作る例を紹介します．2 つの M ファイルはどちらも現在のフォルダーに作成してください．

プログラム 4.11 wavelength.m

```
1  function lambda = wavelength(f,t)
2  % 周波数と気温から音波の波長を求める
3  
4  c = speed_of_sound(t);
5  lambda = c / f;              % 波長[m]
6  
7  end
```

プログラム 4.12　speed_of_sound.m

```
1  function c = speed_of_sound(t)
2  % 気温 (摂氏) から音速を求める
3
4  c = 331.5 + 0.6 * t;
5
6  end
```

プログラム 4.11 の実行にはプログラム 4.12 が必要ですので，前者の実行前に後者を作っておいてください．2 つのプログラムを作成したら，以下のようにして実行することができます．この例では，気温 15 °C のとき 440 Hz の音波の波長は約 0.77 m であるという結果が得られています．

```
>> wavelength(440,15)

ans =

    0.7739
```

さて，上の 2 つのプログラムを含め，これまで挙げたプログラムでは 1 つの M ファイルに 1 つの関数が書かれていました．しかし，M ファイルには複数の関数を書くこともできます．この場合，M ファイルの先頭に主となる関数を書き，その下に呼び出される関数を書きます．この呼び出される関数を**サブルーチン**といいます．サブルーチンは M ファイル内に複数書くことができます．ただし，コマンドウィンドウやほかの関数から利用できるのは，一番上に書いてある関数のみです．

以下にサブルーチンを利用してプログラム 4.11, 4.12 を 1 つの M ファイルにまとめたプログラムの例を示します．

プログラム 4.13　wavelength2.m

```
1   function lambda = wavelength2(f,t)
2   % サブルーチンの例
3
4   c = speed_of_sound2(t);    % サブルーチンの呼出し
5   lambda = c / f;            % 波長[m]
6
7   end
8
9   function c = speed_of_sound2(t)
10
11  c = 331.5 + 0.6*t;
12
13  end
```

　この関数の場合，コマンドウィンドウやほかの関数から利用できるのは wavelength2 のみで，speed_of_sound2 は利用できません．

4.9　文字列の比較

　if 文や while 文の条件式では数値だけでなく文字列の比較を用いることができます．これを利用して，オプションを文字列で指定できる関数を作ってみます．

> 📖 **ここがポイント**
> strcmp などの関数群を用いて文字列の比較ができます．

解　説

　2 つの文字列 str1 と str2 が同じかどうかを調べる if 文は次のように書けそうな感じがします．

```
if str1 == str2                % 文字列の照合にはならない
```

しかし，残念ながらこれでは 2 つの文字列を比較することはできません（ただし，エラーになるわけではありません）．

▶ [ヒント]
　strcmp は string を compare する関数です．

　文字列を比較するためには表 4.3 に挙げる関数を使います．いずれも名前が str で始まっていますが，これは string からとられたものです．まず，strcmp の実行例を挙げます．この関数は 2 つの文字列を引数とし，それらが一致する

場合には1を返し，一致しない場合には0を返します．細かく言うと，strcmpで返される1や0は**論理値**と呼ばれるものです．論理値は真か偽（§4.4 参照）のいずれかをとるもので，それぞれ上記の1と0に対応します．

```
>> strcmp('abc','abc')

ans =

     1

>> strcmp('abc','ABC')

ans =

     0
```

1つ目の例では引数に同じ文字列が与えられているので1が返されています．一方，2つ目の例では異なる文字列と判断され0が返されています．これは，strcmp は大文字と小文字を区別するためです．

表 4.3 文字列に関する関数（str1 と str2 は文字列）

関数	意味
strcmp(str1,str2)	str1 と str2 は等しいか？
strcmpi(str1,str2)	str1 と str2 は等しいか？*
strncmp(str1,str2,n)	str1 と str2 の先頭の n 文字は等しいか？
strncmpi(str1,str2,n)	str1 と str2 の先頭の n 文字は等しいか？*
strfind(str1,str2)	str1 に str2 は含まれるか？

*は大文字と小文字を区別しない関数

ところで，§4.5 で解説したように，~ は否定を表します．この ~ を strcmp などの1か0を返す関数に付けると，以下のように判定が反転します．

```
>> ~strcmp('abc','abc')

ans =

     0
```

関数名の最後に i がついた strcmpi は大文字と小文字を区別しません（大文字と小文字の違いを無視します）ので，以下のような結果が得られます．

```
>> strcmpi('abc','ABC')

ans =

     1
```

2つの文字列の先頭の何文字かだけ比較したい場合には，**strncmp** もしくは **strncmpi** を使います．前者は大文字と小文字を区別し，後者はそれらを区別しません．これらの関数では第3引数で何文字目まで比較するかを指定します．次の例では，3文字目までが一致するか否かを判定させています．

```
>> strncmp('abcd','abc012',3)

ans =

     1
```

この例のように，引数の2つの文字列の長さが異なってもかまいません．

strfind は第1引数の文字列 (**str1**) のどこかに第2引数の文字列 (**str2**) が存在するかを調べる関数です．上で解説した4つの関数とは異なり，**str2** が存在したか否かを1か0で返すのではなく，**str1** の何文字目に **str2** が現れたのかを返します．具体例を見てみましょう．

```
>> strfind('This is his pen.','his')

ans =

     2     9

>> strfind('This is his pen.','her')

ans =

     []
```

1つ目の結果は，"his" が "This is his pen." の2文字目と9文字目に現れることを意味しています．また，2つ目の結果に表示された **[]** は空の配列を表し，"her" が "This is his pen." に含まれないことを意味しています．

表4.3の関数を if 文や while 文の条件に用いれば，条件分岐や繰返し処理を実行することができます．**strcmp** などの関数の戻り値が1であれば条件は真となり，0であれば偽となります．**strfind** の場合は1つ以上の値が返されれば真となり，空の配列が返されれば偽となります．そのため，次のように1と比

較をしなくても（比較しても間違いではありませんが），

```
if strcmp(str1,str2) == 1
```

次のように書けば条件の判定が行われます．

```
if strcmp(str1,str2)
```

「2つの文字列が一致しなければ」という条件を書きたい場合には，上述の ~ を用いて次のように書くことができます．

```
if ~strcmp(str1,str2)
```

では，最後に，引数で文字列のオプションを指定できる関数の例を挙げます．この関数はオプションでグラフの種類を指定してプロットするものです．

プログラム 4.14　myplot.m

```
 1  function myplot(x,y,type)
 2  % グラフの種類を指定してプロット
 3
 4  if strcmp(type,'plot')
 5    plot(x,y)
 6  elseif strcmp(type,'stem')
 7    stem(x,y)
 8  elseif strcmp(type,'stairs')
 9    stairs(x,y)
10  else
11    plot(x,y)
12  end
13
14  end
```

このプログラムでは，第3引数を strcmp で照合を行い，指定された種類のグラフをプロットします．例えば，ステムプロットの場合には，次のようにして実行します．第3引数は文字列ですので，シングルクォーテーションで囲む必要があります．

```
>> x = 0:pi/10:2*pi;
>> y = cos(x);
>> myplot(x,y,'stem')
```

このプログラムでは，オプションが plot，stem，stairs のいずれでもない場合には，11 行目が実行されます．例えば，次のようなケースです．

```
>> myplot(x,y,'star')          % つづりの間違い
```

表 4.3 に挙げた関数のほかに，正規表現を利用できる regexp と regexpi があります．本書では解説しませんが，これらの関数では正規表現を用いて柔軟な比較ができますので，そのような処理が必要な方はドキュメンテーションで調べてみてください．

4.10　キーボードからの入力

利用者に指示や質問を示して，それに対する入力を受けて処理を進めるプログラムを対話的なプログラムといいます．このようなプログラムを作るために必要なコマンドの使い方を解説します．

> **☞ ここがポイント**
> input を使うと対話的なプログラムを作ることができます．

解　説

関数の実行途中にコマンドウィンドウで利用者に値を入力してもらうには input を使います．このコマンドは入力を促すメッセージ（プロンプト）を引数にして実行します．以下の関数は利用者に 3 つの質問に答えてもらうことによってその年齢を当てるもので，和算の一種である**百五減算**を利用したものです．

▶ 出典：Wikipedia「百五減算」

プログラム 4.15　guess_age.m

```
1  function age = guess_age
2  % 3つの質問から年齢を当てる
3
4  a = input('年齢を3で割った余りは？ ');
5  b = input('年齢を5で割った余りは？ ');
6  c = input('年齢を7で割った余りは？ ');
7  d = 70*a + 21*b + 15*c;
8  age = mod(d,105);           % 剰余を計算
9
10 end
```

8 行目で使われている mod は除算の余り（剰余）を返す関数です．
この関数の実行例を以下に示します．

```
>> guess_age
年齢を3で割った余りは? 2
年齢を5で割った余りは? 0
年齢を7で割った余りは? 6

ans =

    20
```

input のプロンプトにおいて，値を入力せずにエンターキーを押すと，その戻り値は空の行列になります．そこで，input 利用時には，戻り値が空でないことを確認した上で以降の処理を行うべきです．この改良を加えたプログラムを以下に示します．このプログラムでは 7 行目で isempty を用いて変数 a, b, c が空ではないかを調べており，どれか 1 つでも空であれば 11 行目の warning が実行されます．warning は警告メッセージを表示するコマンドです．

プログラム 4.16 guess_age.m

```
1  function age = guess_age
2  % 3つの質問から年齢を当てる (改良版)
3
4  a = input('年齢を3で割った余りは?: ');
5  b = input('年齢を5で割った余りは?: ');
6  c = input('年齢を7で割った余りは?: ');
7  if ~isempty(a) && ~isempty(b) && ~isempty(c)
8      d = 70*a + 21*b + c*15;
9      age = mod(d,105);
10 else
11     warning('一部の値が入力されませんでした')
12 end
13
14 end
```

▶ ［ヒント］
isempty に ~ がついているため，空でなければ真になります（§4.5, §4.9 参照）．

input では数字ばかりでなく，変数も入力できます．また，配列や式も入力できます．input はコマンドウィンドウでも利用できますので，次のように入力してみてください．

```
>> v = [1 2 3];
>> u = input('Input data: ')
Input data: v

u =

     1     2     3
```

プロンプトに変数(ベクトル)vを入力すると,その値が変数uへ代入されていることがわかります.

input を用いて文字列を入力したい場合には,input の第 2 引数に's' を指定する必要があります.

```
>> str = input(' 文字列を入力せよ ','s')
```

表示されたプロンプトの後に文字列を入力すれば,str にその文字列が代入されます.

```
>> str = input(' 文字列を入力せよ ','s')
文字列を入力せよ abc

str =

abc
```

関数に値を与える方法としては引数を使うのが一般的です.しかし,input を使うと,プロンプトの指示によって利用者は何を入力すべきかわかりやすいというメリットがあります.そこで,nargin (§4.13 参照) を用いて引数の数を調べ,引数が与えられなかった場合には input により入力を促す,といった合わせ技を使うのも一つの方法です.

4.11 ダイアログボックスによる値の入力

ここでは,ダイアログボックスを表示させて利用者に値を入力してもらうプログラムを作ります.戻り値がセル配列で与えられるため少しややこしいですが,挑戦しがいがあると思います.

☞ **ここがポイント**
inputdlg でダイアログボックスを表示させることができます.

解説

ダイアログボックスを表示するには inputdlg を利用します．例えば，コマンドウィンドウで次のコマンドを実行してみてください．図 4.5 のように入力エリアをもつダイアログボックスが表示されます．

```
>> n = inputdlg('Input number')
```

▶ [ヒント]
dlg は dialog を略したものです．

図 4.5 inputdlg により表示させたダイアログボックスの例

このコマンドは，オプションによってデフォルト値をあらかじめ表示させたり，ウィンドウのタイトルや入力エリアのサイズを指定したりすることもできます．また，複数のプロンプトと入力エリアを 1 つのダイアログボックスに表示させることもできます．

inputdlg の戻り値はセル配列（§2.12 参照）として得られ，その要素は文字列です．つまり，利用者が 51 という数値を入力したつもりでも，MATLAB の中では "5" という文字と "1" という文字がこの順序でつながった文字列として扱われます．そのため，それを数値として扱えるようにするために，str2num や str2double を用いて文字列を数値に変換する必要があります．なお，ダイアログボックスでキャンセルボタンが押された場合には空のセル配列が得られます．

これらのことを踏まえてプログラム 4.16 の GUI 版を作成してみましょう．

▶ [ヒント]
str2num は，"string to number" を意味し，文字列を数値に変換する関数です．str2double もほぼ同じ働きをします．

▶ [ヒント]
double とは倍精度の浮動小数点表現を意味します．

プログラム 4.17　guess_age_gui.m

```
 1  function age = guess_age_gui
 2  % 3つの質問から年齢を当てる (GUI版)
 3
 4  answers = inputdlg(...
 5    {'年齢を3で割った余りは?',...
 6     '年齢を5で割った余りは?',...
 7     '年齢を7で割った余りは?'});
 8  if ~isempty(answers)
 9    nums = str2num(cell2mat(answers));
10    d = 70*nums(1) + 21*nums(2) + 15*nums(3);
11    age = mod(d,105);
12    msgbox(['あなたは' num2str(age) '才ですね'])
13  else
14    msgbox('キャンセルされました')
15  end
16
17  end
```

このプログラムではダイアログボックスで図 4.6 に示す 3 つのプロンプトと入力エリアを表示しています．複数のプロンプトがあるときはそれらをセル配列として与える必要があります（4～7 行目）．

▶ [ヒント]
4～6 行目の行末の 3 連ピリオドは，コマンドが次の行へ続くことを示しています（§2.5 参照）．

図 4.6　プログラム 4.17 で表示されるダイアログ

▶ [ヒント]
str2num の引数は文字列もしくは文字列から成る行列を与える必要があるためです．

上述のように，ダイアログボックスのキャンセルボタンが押されると，空のセルが返されます．そこで，8 行目で変数 answers が空ではないことを確認しています．9 行目では，cell2mat でセル配列を行列に変換し，さらに str2num で文字列を数値に変換しています．一連の変換により，変数 nums には 3 つの

数値が代入されますので，10，11 行目ではそれらの値を用いて年齢を計算しています．

12 行目では，計算により得られた年齢をメッセージダイアログボックスに表示させています．このとき，3 個の文字列を行ベクトルの要素として与えることによって，それらを連結しています（§2.1 参照）．num2str は str2num の逆の働きをする関数です．また，14 行目ではキャンセルボタンが押されたときの処理を行っています．

なお，プログラム 4.17 は，ダイアログボックスの全ての入力エリアに値が入力されない状況で OK ボタンが押された場合に対応していません．これに対応するには，10 行目の前で 3 つの値が入力されたことを確認する必要があります．

4.12　繰返し処理の制御

繰返し処理の中で想定した条件を外れた場合には，処理を終了したり，一旦スキップしたりするという対応が必要になることがあります．ここでは，繰返し処理中の例外的な処理を実現する方法を説明します．

> ☞ **ここがポイント**
> break により繰返し処理を終了させることができます．continue はそれ以降の処理をスキップさせることができます．

解説

while 文や for 文による繰返し処理の途中で break を実行すると，その時点でループををを終了させることができます．以下のプログラムは，引数で指定した長さのベクトルに先頭から順に値を入力するものです．8 行目で input の戻り値が空か否かを調べ，もし空の場合，つまり，値を入力せずにエンターキーが押された場合には break でループを抜けるようになっています．その場合，ループ内のそれ以降の処理（下のプログラムでは 13 行目）は実行されないことに注意してください．

プログラム 4.18　inputvector1.m

```
1  function v = inputvector1(N)
2  % ベクトルの要素を入力 (break 版)
3  
4  v = zeros(1,N);           % ベクトルの作成と初期化
5  n = 1;
6  while n <= N
7    s = input('スカラーを入力せよ： ');
8    if isempty(s)           % 値が入力されなければ
9      break                 % ループを終了
10   else                    % 値が入力されれば
11     v(n) = s;             % ベクトルのn番目の要素に代入
12   end
13   n = n + 1;
14 end
15 
16 end
```

繰返し処理が入れ子（ネスト）になっている場合に break が実行されると，図 4.7 のようにその break が含まれる最も内側の繰返し処理のみが終了します．その外側の繰返し処理まで終了するわけではありません．

▶ ［ヒント］
　繰返し処理の入れ子とは，繰返し処理の中にさらに繰返し処理があるような状態を言います．

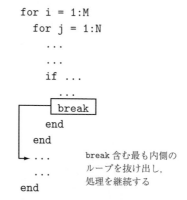

図 4.7　入れ子状態のループ内で break が実行されたときの処理の流れ

ある条件を満たしたときに，繰返し処理を終了してしまうのではなく，1回分の処理をスキップさせることもできます．これには continue を使います．プログラム 4.18 の 9 行目を continue に変更したプログラムを以下に示します．

プログラム 4.19 inputvector2.m

```
1  function v = inputvector2(N)
2  % ベクトルの要素を入力（continue 版）
3
4  v = zeros(1,N);           % ベクトルの作成と初期化
5  n = 1;
6  while n <= N
7    s = input('スカラーを入力せよ: ');
8    if isempty(s)           % 値が入力されなければ
9      continue              % 処理をスキップ
10   else                    % 値が入力されれば
11     v(n) = s;             % ベクトルのn番目の要素に代入
12   end
13   n = n + 1;
14 end
15
16 end
```

このプログラムでは，値を入力せずにエンターキーが押された場合にもループは終了せず，残りの処理がスキップされます．そのとき，図 4.8 に示すように，変数 n の値は増えることなくループが継続します．つまり，値を入力せずにエンターキーが押されることが何回あっても，引数で指定した個数のスカラーが入力されるまではプログラムが終了しません．

▶[ヒント]
プログラム 4.19 の実行を途中で止めるには，コントロールキーと c キーを同時に押します．

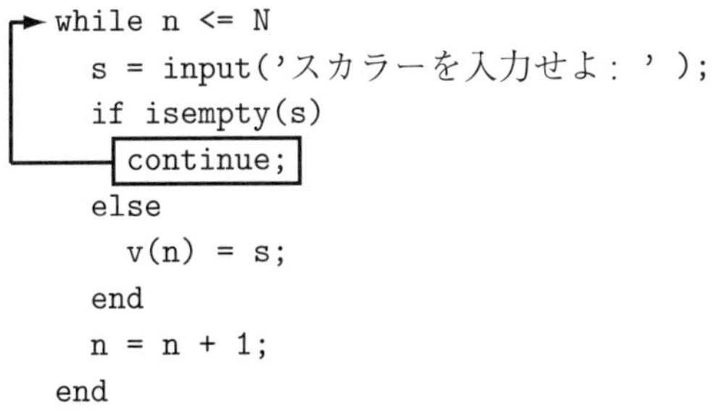

```
  ┌─► while n <= N
  │     s = input('スカラーを入力せよ: ');
  │     if isempty(s)
  └───┤ continue;
        else
          v(n) = s;
        end
        n = n + 1;
      end
```

図 4.8 プログラム 4.19 で continue が実行されたときの処理の流れ

4.13 引数および戻り値の数の利用

関数の自作に慣れてくると，機能が少しずつ違う関数がいくつもあるという

状態になりがちです．引数の数や戻り値の数によって機能を切り替える方法を知っておくと関数をひとまとめにできて便利です．

> 👉 **ここがポイント**
> 引数の数は `nargin`，戻り値の数は `nargout` で得ることができます．

解 説

1章で見たように，最大値を求める関数 `max` は引数が1つまたは2つで実行でき，引数の数に自由度があります．このような関数を作ることができれば，引数の数の違いによって別々の関数を用意する必要がなくなります．

利用者が入力した引数の数は `nargin` で知ることができるので，これを利用して条件分岐させます．以下に `nargin` を利用した関数の例を挙げます．

プログラム 4.20　myplot2.m

```
1  function myplot2(x,y,z)
2  % 2次元または3次元プロット
3
4  if nargin == 2            % 引数が2個の場合
5    plot(x,y); grid on
6  elseif nargin == 3        % 引数が3個の場合
7    plot3(x,y,z); grid on
8  else
9    error('引数は2個か3個にせよ')
10 end
11
12 end
```

このプログラムは引数が2個なら `plot` で2次元のグラフを描き，3個なら `plot3` で3次元のグラフを描きます．そのどちらでもない場合には，`error` でエラーメッセージを表示してプログラムを終了させます．`error` は引数でエラーメッセージを指定できます．

次に，戻り値の数に応じて処理を切り替えるプログラムについて解説します．戻り値の数は `nargout` で得ることができます．以下の例は，ベクトルもしくは行列を引数とし，戻り値が1個のときは `mean` の計算結果のみ，2個のときは `mean` と `std` の計算結果を返します．`mean` は平均値，`std` は標準偏差を求める関数です．

プログラム 4.21　mymean.m

```
1  function [m,sd] = mymean(x)
2  % 平均値と標準偏差
3  
4  m = mean(x);                % 平均値
5  if nargout == 2
6    sd = std(x);              % 標準偏差
7  end
8  
9  end
```

戻り値の数を変えてコマンドを実行し，結果の違いを確認してください．

```
>> x = rand(100,1);           % 乱数の生成
>> m = mymean(x)
>> [m,sd] = mymean(x)
```

4.14　コメント，ヘルプの作成

自作の関数であっても1週間も使っていないとその中身や使い方を忘れてしまうものです．そんなときのために，コメントを残したりヘルプを用意したりする習慣をつけましょう．

― ここがポイント ―

% に続く文字列はコメントとみなされます．関数の宣言の直後に続くコメントはヘルプになります．

解説

これまでの節でも述べたように，MATLABのプログラムにおいては % 以降の文字列は処理に影響しません．これを**コメント**といいます．変数の意味，計算の手順，参考資料の情報，作成日，更新記録などプログラムの理解に役立つ説明をコメントとして記載しておくと，後からプログラムを改良したり修正したりする際に役立ちます．また，一部のステートメントの処理をスキップさせたい場合には，それらの行の先頭に % を付けて無効にします．これを**コメントアウト**といいます．

関数の宣言の次の行にコメントを書くと，help 実行時にその部分が表示されます．ヘルプの中ではHTMLタグを利用してハイパーリンクを設定すること

も可能です．具体例を見てみましょう．以下は，§4.3で作成したプログラム 4.2 にヘルプの内容を追加したものです．

プログラム **4.22** myadd.m

```
1  function c = myadd(a,b)
2  % MYADD - 2つの数a,bの和を計算
3  %
4  % myadd(a,b)
5  %
6  % <a href="matlab:doc add">MATLABのadd</a>
7  % <a href="http://jp.mathworks.com/">Mathworks</a>
8
9  % 作成日:2016/01/01
10
11 c = a + b;
12
13 end
```

上の内容を保存した後，ヘルプを表示させると図 4.9 のような表示が得られます．

図 **4.9** `help myadd` の実行結果

関数の宣言の行の直後に続くコメントの内容がヘルプとして表示されていることがわかります．ここで，プログラム 4.22 の 9 行目の内容はヘルプに含まれていないことに注意してください．つまり，`function` の次の行から空行（改行のみの行）もしくはプログラムが現れるまでのコメント（この例では 2～7 行目）がヘルプとして表示されます．

また，ヘルプの 1 行目の関数名は太字で表示されています．このように，ヘルプの記述において大文字で記載された関数名（プログラム 2 行目）は太字で表示されます．関数名であっても小文字で記載されれば（プログラム 4 行目）

太字にはならず，また，太字になるのは関数名のみです．

　プログラムの 6 行目と 7 行目は HTML タグを利用したハイパーリンクの例です．この部分ははコマンドウィンドウ上に青字で表示されます．プログラム 6 行目のように matlab:の後にコマンドを記述すると，対応するハイパーリンクをクリックしたときにそのコマンドが実行されます．この例では doc add を実行し add のドキュメンテーションを表示するようにしています．また，7 行目のように Web ページの URL を指定しておけば，対応するハイパーリンクをクリックしたときに Web ブラウザにそのページが表示されます．

　関数を作った直後はその機能や使い方についてよく理解していますが，しばらく経つとあっけなく忘れてしまうものです．自分の記憶力を過信せず，「明日の自分は他人」ぐらいの気持ちでコメントやヘルプを用意することをお勧めします．コメントやヘルプは自分の作った関数を他人に使ってもらうときにも役立ちます．

4.15　検索パスの設定

　別のフォルダーにある関数を実行しようとして「関数または変数 '○○' が未定義です．」というエラーメッセージが表示された経験はないでしょうか．ここでは，この問題を解決する方法を解説します．

> ☞ **ここがポイント**
> 検索パスを設定をすればほかのフォルダーの関数も実行できるようになります．

解説

　関数が増えてくると，その管理のために機能ごと，用途ごとにフォルダーに分割する必要が出てきます．そうすると，必要とするプログラムのすべてが現在のフォルダーに存在しないということが生じ得ます．

　例えば，現在のフォルダーにある progA.m から別のフォルダーにある progB.m を呼び出すケースが考えられます（図 4.10）．この場合，progB.m が現在のフォルダーにないため，progA.m の実行時にエラーになってしまいます．

　このような問題を解決するのが **検索パス** の設定です．[ホーム] タブの [環境] セクションから [パスの設定]（図 4.11）を選択すると，図 4.12 に示すダイアログが現れます．

　このダイアログの [フォルダーを追加…] ボタンをクリックしてプログラムが保存されているフォルダーを指定し，[保存] ボタン，[閉じる] ボタンを順にクリックすると，そのフォルダーが MATLAB の検索パスに追加されます．[サブ

▶ [ヒント]
検索パスは単に「パス」と呼ばれることが多いです．

▶ [注]
[保存] ボタンを押すのを忘れないでください．

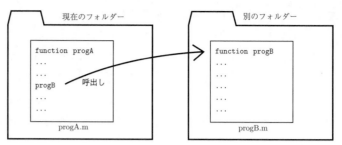

図 4.10 現在のフォルダー内の progA.m から別のフォルダーの progB.m を呼び出した状態

図 4.11 [ホーム] タブのの [パスの設定] アイコン

図 4.12 パスの設定ダイアログ

フォルダーも追加…] ボタンをクリックすれば，あるフォルダー以下のすべてのフォルダーを一度に指定することができます．

　フォルダーが検索パスに登録されると，関数の実行時にそれらのフォルダーが検索され，見つかればそのプログラムが実行されます．もし同じファイル名の関数が現在のフォルダーとそのほかのフォルダーに存在する場合には，現在のフォルダーにあるプログラムが優先されます．

　MATLAB に限らず，フォルダーを検索パスに登録する作業を「パスを通す」といい，

「先輩，さっき送っていただいたプログラムが動かないのですが…？」
「ちゃんとパスを通した？」

というふうに使います．上記の手順で検索パスの設定を行えば，次回起動時以降は改めて設定する必要はありません．

4.16 処理時間の計測

プログラムを高速化したいときには，まず処理に時間がかかっている部分を知る必要があります．MATLABには処理時間を調べる機能が用意されています．

> **ここがポイント**
> ticとtocを使うと処理時間を計測できます．profileを使うと詳細な情報を得ることができます．

解説

コマンドの実行に要する時間の計測には tic と toc を使います．前者はストップウォッチタイマーをスタートさせ，後者はそれをストップさせます．実行時間を測りたいコマンド（複数のコマンドでもよい）の前後にこれらを実行すると，処理に要した時間が表示されます．

ここでは，数列の和をいくつかの方法で計算し，その処理時間を計測してみます．

```
>> N = 10000;
>> tic; sum(1:N); toc
経過時間は 0.000585 秒です．
>> tic; N*(N+1)/2; toc
経過時間は 0.000024 秒です．
```

1例目では，1からNまでのベクトルを生成し，sumでその和を求めています．2例目は，等差数列の和の公式を使って計算したものです．経過時間が処理に要した時間です．この結果はあくまで筆者のコンピューター環境での話です．上のコマンドを何度か実行するとそのたび経過時間が変化しますが，2例目の方が速く計算できるようです．

では，この計算をfor文を使って実行するとどうなるでしょうか．次のプログラムの処理時間を計測してみます．

プログラム 4.23　mysum2.m

```
1  function s = mysum2(N)
2  % 数列の和を for 文で計算
3  
4  s = 0;
5  for i = 1:N
6    s = s + i;
7  end
8  
9  end
```

```
>> tic; mysum2(N); toc
経過時間は 0.000860 秒です．
```

少なくとも筆者のコンピューター環境では，3つの方法の中で for 文を使う方法が最も遅くなるようです．

処理時間をより詳細に分析したいときには，**プロファイラー**を使います．まず，profile によりプロファイラーを起動します．次に分析対象の処理を実行し，最後にプロファイラーを止め，ビューワーに結果を表示します．一連の処理の例を以下に示します．

```
>> profile on          % プロファイラー起動
>> mysum2(N);          % 分析対象の実行
>> profile viewer      % 結果表示
```

最後のコマンドを実行すると結果が表示されます．このウィンドウには処理時間が長い処理から列挙されており，コマンド名のリンクをたどっていくとさらに細かい情報が得られるようになっています．図 4.13 はプログラム 4.23 に関するプロファイラーの結果です．

ここではプロファイラーのごく一部の機能のみ説明しました．ドキュメンテーションにはプログラムの性能向上のための活用法が示されているので，興味のある方は参照してください．

図 4.13 プロファイラーの処理結果

4.17 GUI よる処理の実行と処理時間の計測

　エディターの上部に並んでいるアイコンは，ファイル操作や編集，実行などさまざまな機能に対応しています．それらのうち実行に関する 2 つのアイコンについて解説します．

― ☞ ここがポイント ―
[実行] アイコンでは引数を指定した実行も可能です．

解説

　本節では，[エディター] タブの [実行] セクションにある [実行] アイコンの使い方を解説します．コマンドウィンドウでの操作に慣れている方にとっては必要のない機能かもしれません．

　このアイコンを用いると，コマンドウィンドウで実行するのと同じようにコマンドを実行することができます．[実行] アイコンの下の部分をクリックすると，図 4.14 のようにコマンドを入力するウィンドウが表示されます．このとき，デフォルトではエディターで開いているプログラムが表示されます．このウィンドウでは引数を指定することもできます．この図では，プログラム 4.23 (mysum2) に引数 5000 を指定している様子を示しています．

　コマンドを入力後，エンターキーを押すと実行され，その結果がコマンドウィンドウに表示されます．一度コマンドを入力すれば，それが登録された状態になりますので，次からは [実行] アイコンをクリックするだけで同じコマンドを繰返し実行することができます．

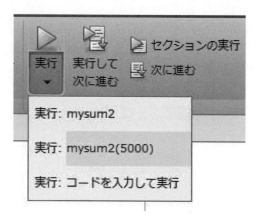

図 4.14 [実行] アイコンで mysum2(5000) を実行している様子

[実行] アイコンでは，エディターで開いているプログラム以外も実行できます．また，[実行および時間の計測] ボタンをクリックすると，[実行] アイコンに登録されているコマンドに対してプロファイラー（§4.16 参照）による分析が行われます．

4.18 期待通りに動かないときには

自分が作ったプログラムが思った通りに動かないのはなかなかつらいものです．粘り強く，論理的に 1 つ 1 つ間違いを直していくのが近道です．

> **☞ ここがポイント**
> エラーメッセージをよく読み，変数の表示やデバッガーを活用してバグに対処しましょう．

解 説

プログラムの誤りをバグといい，それを修正することをデバッグといいます．最も初歩的なバグは関数名や変数名の書き間違いです．function を functin とタイプミスしたり，linspace を linespace と勘違いしていたりといったことはよくあります．そのような間違いがあれば，以下のようにエラーの位置 (line 4) と内容を示すエラーメッセージが表示されますので，この情報を利用してプログラムを修正します．

```
>> [x,y] = squarewave(3);
関数または変数 'linespace' が未定義です．

エラー: squarewave (line 4)
x = linespace(0,2*pi);
```

筆者の経験では，デバッグができない人はこのエラーメッセージを読まないことが多いようです．

関数名が正しいにもかかわらず上記のようなエラーメッセージが表示されるのであれば，検索パスを疑ってみましょう．その関数が存在するフォルダーにパスが通っていない可能性があります．which を使うとその関数が検索パスの中のどこにあるかを知ることができます．もしその関数が検索パスの中に存在しなければ，以下のように「見つかりません．」と表示されますので，適宜パスを設定します（§4.15 参照）．

```
>> which speed_of_sound
'speed_of_sound' が見つかりません．
```

経験の浅い人がやりがちなミスとして，配列の要素を指定すべきところで指定しないというものがあります．例えばプログラム 4.24 のようなケースです．正しくは y(i) と書くべきところを y と書いてしまっています（プログラム 4.10 と見比べてみてください）．このプログラムを実行してもエラーにならないため，気付きにくいバグです．

プログラム 4.24 　squarewave.m

```
 1  function [x,y] = squarewave(omega)
 2  % 矩形波の生成 (バグ有り)
 3  
 4  x = linspace(0,2*pi);    % 0〜2π
 5  y = sin(omega*x);        % 正弦波
 6  for i = 1:length(y)
 7      if y >= 0
 8          y = 1;
 9      else
10          y = -1;
11      end
12  end
13  
14  end
```

上で指摘したような点には間違いがないにもかかわらず期待通り動作しないとなると，計算の手順（アルゴリズム）に問題がある可能性が高くなります．この原因には，勘違い，思い込み，関数の使用法の誤りなどのほか，そもそも問題設定や計算法を正しく理解していないこともあり，解決がやっかいなバグです．

こういったバグがある場合には，全ての場合でうまく動かないのか，または

ある条件下では正しく動くのかを把握することが先決です．これを明らかにすることができれば，バグを発見しやすくなります．

バグを見つける有力な方法の1つは，実行中の変数の値をコマンドウィンドウに出力してみることです．ステートメントの行末のセミコロンを外せば変数の値が表示されますので，自分の想定通りにプログラムが動いているのかを知ることができます．

しかし，繰返し処理中の変数を表示させると，多量の文字がコマンドウィンドウ上を高速に流れていってしまって確認できないことがあります．そのような場合には，`pause`を使うのが有効です．このコマンドはEnterキーが押されるまでプログラムを一時停止させることができます．

例えば，プログラム4.8の繰返し処理中の変数を表示させ（7, 8行目の行末のセミコロンを外し），そのたびにプログラムを一時停止させるようにすると次のようになります．

プログラム 4.25　mysum.m

```
1  function s = mysum(m,n)
2  % mからnまでの和を計算
3  
4  s = 0;                      % 和を保存する変数
5  i = m;
6  while i <= n
7      s = s + i
8      i = i + 1
9      pause
10 end
11 
12 end
```

プログラム実行中の変数の値を把握するには**デバッガー**を利用するのも有効です．デバッガーとはデバッグのためのツールで，エディター上で利用します．ここではごく基本的な使用法のみ解説します．

デバッガーでは，プログラム内に**ブレークポイント**を指定して実行します．すると，ブレークポイントが設定された行でプログラムが一時停止し，コマンドウィンドウからプログラム内の変数を参照できるようになります．

プログラム4.8を対象にして実際にデバッガーを使ってみましょう．この例では，7行目にブレークポイントを設定します．この行にカーソルを移動し，[エディター] タブの [ブレークポイント] セクションの [設定/クリア]（図4.15）をマウスでクリックしてください．すると，エディターの行番号の隣に赤い円が

▶ [ヒント]
複数の行にブレークポイントを設定することも可能です．

表示されます（図4.16（左））．これが有効なブレークポイントを示す記号です．これを削除するには再度[設定/クリア]を選択します．マウスポインタで直接行番号の隣をクリックしてもブレークポイントの設定と削除が可能です．また，[ブレークポイント]セクションの[有効/無効]によって一時的に無効にしたり，再度有効にしたりすることもできます．

図 4.15　[エディター]タブの[ブレークポイント]セクションのメニュー

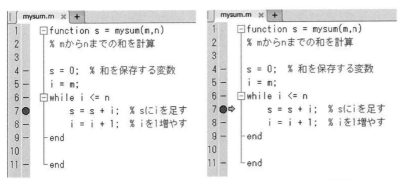

図 4.16　（左）7行目でブレークポイントが有効になっている状態
　　　　（右）プログラムが7行目のブレークポイントで一時停止している状態

この7行目のブレークポイントを有効にした状態で，コマンドウィンドウで以下のステートメントを実行します．すると，コマンドウィンドウにはプログラムの7行目が表示され，エディターでは図4.16（右）のように7行目に矢印が表示されます．

```
>> s = mysum(2,5)
7     s = s + i;
K>>
```

これは 7 行目の実行前にプログラムが一時停止している状態です．通常は実行中の関数内の変数を参照することはできないのですが，K>> というプロンプトではそれが可能です．例えば，この時点の変数 s と i の値を見ることができます．

```
>> s = mysum(2,5)
7       s = s + i;
K>> s

s =

     0

K>> i

i =

     2
```

プログラムを続行させる場合には，[エディター] タブの [デバッグ] セクションの [続行] をクリックします．すると，while 文による繰返しで再度 7 行目が実行される直前で再びプログラムが一時停止します．また，[ステップ] をクリックすると，プログラムが 1 行ずつ実行されていきます．

デバッグの作業を終了するには，[ステップ] を繰り返してプログラムを最後まで実行するか，もしくは [デバッグ] セクションの [デバッグの終了] をクリックします．デバッガーを使ってプログラム実行中の変数の値を把握することによって，バグの位置を特定し，デバッグの手がかりを得ることができます．

4章 演習問題

問題 1

異なる n 個から r 個を選ぶ順列 $_nP_r$ は次の式で定義される.

$$_nP_r = \frac{n!}{(n-r)!} \tag{4.3}$$

ただし, $r \leq n$ である. n と r を引数とし, $_nP_r$ の値を求める関数を作成せよ. なお, 階乗を求める関数 `factorial` を利用してよい.

問題 2

引数で月と日を与えると, 1月1日からその日までの日数を返す関数を作成せよ. ただし, うるう年ではないとすること. 例えば, 1月1日から3月5日までの日数は 64 日である.

問題 3

0 から 9 のいずれかの数字に対応する英字 A, B, C を用いた以下の等式がある.

$$AB + AA = CCC \tag{4.4}$$

このとき, それぞれの英字に対応する数字を求める関数を作成せよ. なお, これを満たす A, B, C の組み合わせは 1 組である.

問題 4

ベクトル x と窓長 L を引数として与えると, その移動平均 y を求める関数を作成せよ. x の要素数が N のとき, $1 \leq n \leq N - L + 1$ の範囲の $y(n)$ は以下の式で求められる.

$$y(n) = \frac{1}{L} \sum_{k=n}^{n+L-1} x(k) \tag{4.5}$$

問題 5

§2.11 で例示した, 氏名 (name), 身長 (height), 体重 (weight) のフィールドを持つ構造体を引数として, ボディーマス指数 (BMI) を求める関数を作成せよ. ただし, 引数が与えられなかった場合には, `input` により身長と体重を入力できるようにすること. BMI は以下の式で求められる.

$$\text{BMI} = \frac{体重\,[kg]}{(身長\,[m])^2} \tag{4.6}$$

第5章 ファイル入出力

[ねらい]

　ワークスペース上のデータをファイルに保存しておくと，MATLABを一旦終了した後でもそのデータを再度利用することができます．また，MATLABでは表計算ソフトのファイルも読み書き可能です．この章では，様々な形式のファイルの入出力に加え，ファイルを処理するためのプログラムの作り方などについて解説します．

[この章の項目]

- MATファイル，テキストファイルの入出力
- CSVファイル，Excelのファイルの入出力
- 画像や音のファイルの入出力
- ファイルを処理するプログラム
- バイナリファイルの入出力

5.1 MATファイル，テキストファイルへの書き込み

ワークスペース上の変数はファイルに保存し，後から再利用することができます．ワークスペース上の全ての変数の保存や変数を個別に指定した保存が可能です．

> ☞ **ここがポイント**
> GUI（[ワークスペースの保存]）もしくはコマンド(save)でワークスペース上の変数をファイルに保存します．コマンドの方が多機能です．

解 説

[ホーム]タブの[ワークスペースの保存]（図 5.1）をクリックすると，その時点でワークスペース上に存在する全ての変数がファイルに保存されます．バックアップのため，あるいは一旦 MATLAB を終了して後から作業を再開するために，ワークスペースの現在の状況を丸ごと保存しておくような場面で使います．

図 **5.1** [ワークスペースの保存] ボタン

▶ [ヒント]
MAT ファイルにはデータがバイナリで保存されています．

このときのファイルの形式は MATLAB 独自の **MAT** ファイルで，その拡張子は .mat です．MAT ファイルは変数名やデータ型の情報も保存できることに加え，一般に，テキストファイルに保存するよりもファイルサイズが小さくなります．ただし，エディタなどでその中身を見ることはできません．

save というコマンドを使うと，ファイル形式や保存する変数などを指定することができます．save で使用できるファイル形式は上述の MAT ファイルとテキストファイル（ASCII ファイル）です．

まず，ワークスペース上の全ての変数を MAT ファイルに保存する方法を紹介します．data.mat というファイルに変数を保存する場合，以下のように実行します．

```
>> save data.mat              % (1)
>> save('data.mat')           % (2)
```

(1) と (2) の 2 通りの書き方が可能で，いずれも現在のフォルダーに data.mat

というファイルが作られます．すでに同じ名前のファイルがある場合には上書きされてしまいますので注意してください．

　ファイル名にはフォルダーを含めることができます．以下では上記 (1) の書き方で例示しています．この例では，現在のフォルダーの下に results というフォルダーが存在すると仮定して，そのフォルダーに data.mat というファイル名で保存しています．

```
>> save results¥data.mat       % Windows の場合
>> save results/data.mat       % Mac OS X の場合
```

　オプション -append を指定すると既存の MAT ファイルにデータを追加することができます．ただし，対象のファイルにすでに同じ名前の変数が保存されていた場合にはそのデータが上書きされます．オプションを指定する場合も，上記 (1)，(2) に対応した書き方が可能です．

```
>> save data.mat -append
>> save('data.mat','-append')
```

　ワークスペース上の特定の変数を保存することもできます．例えば，変数 a のみを保存する場合は以下のようにファイル名に続けて変数名を指定します．

```
>> save data.mat a
>> save('data.mat','a')        % 変数名も ' で囲むことに注意
```

この場合も 2 つの書き方があります．以下のように複数の変数を指定することもできます．

```
>> save data.mat a b
>> save('data.mat','a','b')
```

　最後に，変数をテキストファイルに保存する方法を解説します．テキストファイルはエディタなどで内容を見ることができる上，ほかのソフトウェアで処理しやすいといったメリットがあります．ただし，変数名やデータ構造（ベクトル，配列など）の情報は保存されません．

　テキストファイルに保存するには，オプション -ascii を指定します．この場合も以下のように 2 通りの書き方があります．

▶ [注]
　テキストファイルに保存できるデータ型は，スカラー，ベクトル，行列です．

```
>> save data.txt a -ascii
>> save('data.txt','a','-ascii')
```

　テキストファイルに保存する場合には，基本的に 1 つの変数を保存するよう

にします．複数の変数を保存することもできますが，それらが分離されずに保存されてしまうためです．

5.2　MATファイル，テキストファイルからの読み込み

前節ではワークスペース上の変数をMATファイルやテキストファイルへ保存する方法を解説しました．本節ではそれらのファイル内のデータをワークスペースに読み込む方法を説明します．

> ☞ ここがポイント
> GUI（[データのインポート]）もしくはコマンド(load)でファイルからデータを読み込みます．

解説

　[ホーム]タブの[データのインポート]をクリックすると，ファイルを選択するダイアログが表示されます．そのダイアログでMATファイルを選択すると，インポートウィザード（図5.2）が現れます．このウィザードで[終了]をクリックすると，そのMATファイル内の全ての変数がワークスペースに読み込まれます．

▶ [ヒント]
　MATファイルを読み込む場合には[ホーム]タブの[開く]を利用することもできます．

図 5.2　インポートウィザードで変数aの中身を見ている状態

　このウィザードで変数を選択すると，上の図のようにその中身を見ることができます．変数名を変更したり，チェックボックスのオン/オフによって読み込む変数を選択したりすることもできます．

　[データのインポート]ではテキストファイルの読み込みも可能です．テキストファイルを指定するとウィザードが現れ，読み込む範囲やデータ形式などを細かく指定することができます．

　loadというコマンドでもMATファイル，テキストファイル内のデータを読

み込むことができます．現在のフォルダーにある data.mat というファイルを読み込む場合，save と同じく 2 通りの書き方ができます．

```
>> load data.mat            % (1)
>> load('data.mat')         % (2)
```

ファイル名の部分にはフォルダーを含めてもかまいません．なお，検索パス（§4.15 参照）に登録されたフォルダーに含まれるファイルは，（フォルダーを指定せずに）ファイル名を指定するだけで読み込むことができます．

上のいずれかのコマンドを実行すると，data.mat に保存されている全ての変数がワークスペースに読み込まれます．指定したファイルが存在しない場合には，エラーメッセージが表示されます．なお，それまでにワークスペースに存在していた変数は上書きされますので注意してください．

また，MAT ファイルに保存されている特定の変数のみを読み込むことが可能です．ファイルに続けて変数名を指定することによって，その変数のみを読み込むことができます．

```
>> load data.mat a b
>> load('data.mat','a','b')
```

とはいえ，MAT ファイルに保存されている変数がわからなければ，変数を指定することはできません．MATLAB にはそんなときに便利なコマンドが用意されています．以下のように whos に -file というオプションとファイル名を与えることによって，そのファイルに含まれる変数に関する情報を表示させることができます．

```
>> whos -file data.mat
  Name      Size            Bytes  Class     Attributes

  a         1x1                 8  double
  b         1x1                 8  double
  c         1x1                 8  double
```

最後に，load でテキストファイルからデータを読み込む方法について説明します．テキストファイルを読み込むには，-ascii というオプションを指定して実行します．

▶ ［ヒント］
テキストファイルの内容をコマンドウィンドウに表示するには type が便利です．

```
>> load data.txt -ascii
>> load('data.txt','-ascii')
```

テキストファイルからデータを読み込むと，その変数名はファイル名から拡張子を取り除いた部分になります（上の例では data が変数名）．ただし，以下のようにすれば，ワークスペース上の変数名を指定することができます．

```
>> x = load('data.txt','-ascii')
```

なお，この機能は丸カッコを用いる上記 (2) の形式でのみ利用可能です．

5.3 CSV ファイルの読み書き

CSV ファイルはデータをコンマで区切ったテキストファイルです．このファイル形式は作成や表示に特別なソフトウェアを必要とせず，OS の違いによる影響も小さいことから，データの受け渡しで多用されています．

> **☞ ここがポイント**
> GUI（[データのインポート]）やコマンド (csvread, csvwrite) で CSV ファイルを読み書きします．

解 説

以下のようにコンマで区切られた数値が保存された **CSV ファイル** (csv-data1.csv) が現在のフォルダーにあるとします．

```
1.0, 1.0
2.0, 4.0
3.0, 9.0
```

前節で紹介した [ホーム] タブの [データのインポート] で CSV ファイルを選択すると，図 5.3 のようにデータが表形式で表示されます．

この表では，ワークスペースに読み込んだときの変数名を指定することができます．図 5.3 に示す表の 2 行目は変数名を表しており（VarName1 と VarName2），この部分を変更することによって，変数名を指定することができます．

また，[インポート] タブの [インポートデータ] セクションでは，読み込む際のデータ形式を指定することができます．例えば，数値行列を指定すれば，データ全体が 1 つの行列として読み込まれます．これらを指定した上で [インポート] セクションのチェックマークをクリックすると，ワークスペースにデータが読み込まれます．

コマンドを使って CSV ファイルを読み込むには **csvread** を使います．load と違って丸カッコなしでファイルを指定することはできません．

▶ [ヒント]
区切り文字がコンマでないファイルの読み書きのために，dlmread, dlmwrite が用意されています．

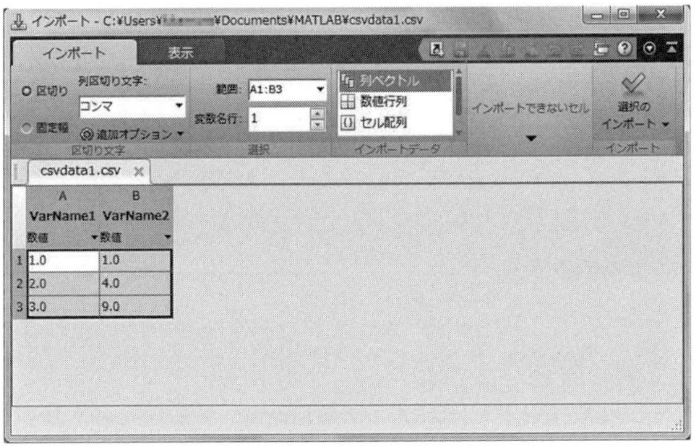

図 5.3 CSV ファイルのインポート

```
>> m = csvread('csvdata1.csv')
```

読み込んだデータはベクトルや行列として処理できます．

しかし，以下の例のように CSV ファイルの中に文字列が含まれていると csvread はエラーになってしまいます．

```
x, y
1.0, 1.0
2.0, 4.0
3.0, 9.0
```

このような CSV ファイルに対しては，文字列が含まれている行をスキップして csvread を実行します．その場合，第 2，第 3 引数でスキップする行数と列数を指定します．上のデータが csvdata2.csv に保存されているとすると，第 2 引数に 1 を与えて 1 行目をスキップします．列はスキップしないので，第 3 引数には 0 を与えます．

```
>> m = csvread('csvdata2.csv',1,0)
```

これによって数値の部分のみ読み込むことができます．

最後に，CSV ファイルへデータを書き込むコマンド csvwrite について説明します．このコマンドでは引数として保存先のファイル名と変数名を与えます．

```
>> m = magic(3)                  % 魔方陣
>> csvwrite('csvdata3.csv',m)
```

save とは異なり，変数名をシングルクォーテーションで囲む必要はありません．こういった仕様のばらつきは混乱の元なので，いずれ統一されるとよいですね．

▶ [ヒント]
csvread の第 4 引数により読み取り範囲を指定可能です．

▶ [ヒント]
GUI を使った [データのインポート] では文字列を含む CSV ファイルも読み込み可能です．

5.4 Excel のファイルの読み書き

前節で解説した CSV ファイルと同様，Excel のファイルでデータが受け渡しされることも多くあります．本節では Excel のファイルの読み書きについて解説します．

> **ここがポイント**
>
> GUI（[データのインポート]）やコマンド (xlsread, xlswrite) で Excel のファイルを読み書きします．

解 説

図 5.4 のようなデータを含む Excel のファイル (xlsdata1.xlsx) が現在のフォルダーにあるとします．このファイルには，A 列に受験者の番号，B〜D 列に Grammer, Reading, Listening の点数が記入されており，E 列は Excel の関数 SUM を使って B〜D 列の和が表示されています．

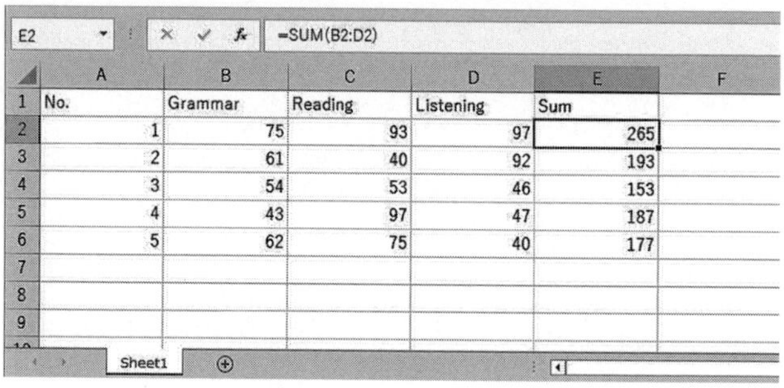

図 5.4 Excel ファイルの例 (xlsdata1.xlsx)

[ホーム] タブの [データのインポート] で Excel のファイルを指定すると，図 5.5 のように表形式でデータが表示されます．このウィンドウでは，シートを選択したり，読み込む範囲を指定したりすることができます．また，CSV ファイ

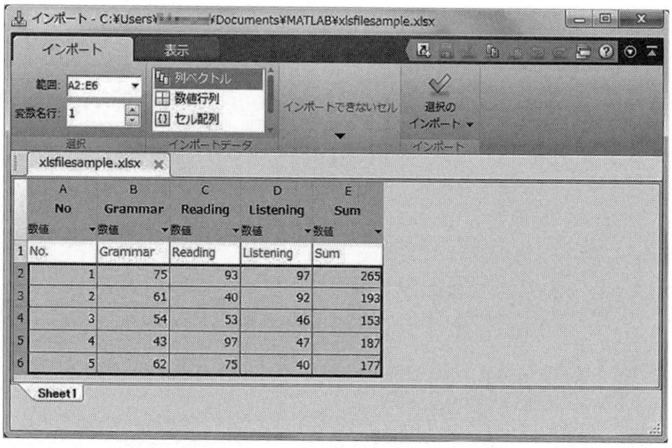

図 5.5 Excel ファイルのインポート

ルの場合（前節参照）と同様に，変数名を指定することもできますが，Excel の
関数（SUM など）の情報は読み込まれません．

次に，コマンド xlsread を使って上記のファイルを読み込む方法を解説します．Excel のファイルには，バージョンなどの違いによって.xls や.xlsx などの
拡張子がつきますが，xlsread はこれらのファイルに対応しています．

▶ [ヒント]
　Excel のファイルは **readtable** で読み込むこともできます．この場合，データはテーブルというデータ型で読み込まれます．

```
>> x = xlsread('xlsdata1.xlsx')

x =

     1    75    93    97   265
     2    61    40    92   193
     3    54    53    46   153
     4    43    97    47   187
     5    62    75    40   177
```

GUI 操作で読み込む場合と同様，Excel の関数（SUM など）の情報は読み込まれません．また，上の例のように戻り値を 1 つに設定した場合，表に文字列が含まれていても，数値のみが読み込まれます．以下のように戻り値を 3 つ指定すれば，文字列を含むデータを読み込むことができます．

```
>> [num,txt,raw] = xlsread('xlsdata1.xlsx')

num =

     1    75    93    97   265
     2    61    40    92   193
     3    54    53    46   153
     4    43    97    47   187
     5    62    75    40   177


txt =

    'No.'    'Grammar'    'Reading'    'Listening'    'Sum'


raw =

    'No.'    'Grammar'    'Reading'    'Listening'    'Sum'
    [  1]    [     75]    [     93]    [       97]    [265]
    [  2]    [     61]    [     40]    [       92]    [193]
    [  3]    [     54]    [     53]    [       46]    [153]
    [  4]    [     43]    [     97]    [       47]    [187]
    [  5]    [     62]    [     75]    [       40]    [177]
```

1つ目の戻り値 (num) には数値のデータが行列として入力され，2つ目の戻り値 (txt) には文字列がセル配列として入力され，3つ目の戻り値 (raw) には全てのデータがセル配列として入力されます．

xlsread では特に指定しない限り，Excel のファイル中の最初のシートのデータが読み込まれます．2番目のシートを読み込む際には，次のように第2引数として数字を与えます．

```
>> [num,txt,raw] = xlsread('xlsdata1.xlsx',2)
```

xlsread ではセル（Excel の表のマス）の行番号と列番号を指定して読み込む範囲を指定できます．以下の例では，B行2列からD行4列までのセルの数値を読み込んでいます．

```
>> [num,txt,raw] = xlsread('xlsdata1.xlsx','B2:D4')
```

次に，xlswrite を用いた Excel のファイルへの書き込みについて説明します．ただし，このコマンドは Windows でのみ動作します．xlswrite の引数としては保存先のファイル名と変数名を与えます．

```
>> m = magic(3)
>> xlswrite('xlsdata2.xlsx',m)
```

デフォルトではデータは最初のシートに書き込まれますが，オプションによりデータを書き込むシートを指定することも可能です．例えば，2番目のシートに書き込むには以下のように実行します．

```
>> xlswrite('xlsdata2.xlsx',m,2)
```

以上のように，Excel のファイルに関するたいていの処理は xlsread と xlswrite で実行できます．

5.5 画像ファイルの読み書き

MATLAB では画像ファイルの読み書きも可能です．画像処理のツールボックスである Image Processing Toolbox がインストールされていれば，エッジ抽出などの処理を簡単に実行できます．

> **☞ ここがポイント**
>
> GUI（[データのインポート]）やコマンド (imread, imwrite) で画像ファイルを読み書きします．

解説

　画像ファイルも [ホーム] タブの [データのインポート] で読み込むことができます．[データのインポート] で PC の中の写真などの画像ファイルを選択してみてください．もし画像が見あたらなければ，MATLAB に用意されているサンプルファイルを選択してください．Windows の場合は C:¥MATLAB¥（バージョン）¥toolbox¥matlab¥imagesci¥peppers.png がサンプルの 1 つです．

　[データのインポート] で何らかの画像ファイルを選択すると，図 5.6 のインポートウィザードが現れます．必要に応じて変数名を変更するなどして [終了] ボタンをクリックすると，ワークスペースにデータが読み込まれます．

図 **5.6**　画像ファイルのインポート

　peppers.png のようなカラー画像の場合，読み込んだ変数は 3 次元配列（§2.10 参照）となります．そのことは，図 5.6 のインポートウィザードのサイズの欄にも表示されています．一方，モノクロ画像の場合には行列（2 次元配列）となります．

　読み込んだ画像を表示させるには image を使います．仮に，変数 peppers に画像データを読み込んだとすると，以下のステートメントによってフィギュアウィンドウに画像が表示されます．

```
>> image(peppers)
```

ただし，画像サイズが自動的にスケーリング（調整）される上，座標軸が表示されてしまいます．そこで，axis（§3.10 参照）を使って目盛り間隔を等間隔にし，座標軸を消します．

```
>> axis equal off
```

　Image Processing Toolbox がインストールされている場合には imshow で画像表示が可能です．

```
>> imshow(peppers)                    % Image Processing Toolbox が必要
```

コマンド操作で画像ファイルを読み込むには imread を使います．次の例は peppers.png を読み込むものです．この画像ファイルが存在するフォルダーには初期設定で検索パスが通っているので (§4.15, §5.2 参照)，ファイル名を指定するだけで読み込むことができます．

```
>> x = imread('peppers.png');
```

なお，MATLAB 関連のファイルが PC 内のどこに保存されているのかを調べるには which というコマンドを利用することができます．peppers.png の場所を調べるには以下のように実行します．

```
>> which peppers.png
```

画像ファイルへの書き込みには imwrite を使用します．以下の例では変数 x に読み込んだ画像データを TIFF 形式の画像ファイルとして保存しています．

```
>> imwrite(x,'peppers.tif');
```

ファイル形式はファイルの拡張子によって自動的に判定されます (§3.27 参照).

5.6 オーディオファイルの読み書き

MATLAB では音のデータが保存されたオーディオファイルの処理も可能です．処理結果を耳で確認できるので，音は MATLAB を勉強する際の格好の題材といえます．

☞ ここがポイント

GUI ([データのインポート]) やコマンド (audioread, audiowrite) でオーディオファイルを読み書きします．

解 説

コンピューター上の音のデータは**標本化周波数**（サンプリング周波数）で決まる頻度で波形の情報が記録されています．例えば，音楽 CD のデータであれば，標本化周波数は 44,100 Hz であるため，1 秒間に 44,100 回の頻度で波形が記録されています．なお，音楽 CD では 1 個のデータは 16 bit で表されています．

MATLAB 上で作成した音のデータをファイルに保存するには audiowrite

を用います．その引数は，ファイル名，音のデータ，標本化周波数です．次の例では，440 Hz の正弦波を作り WAVE 形式の**オーディオファイル**（**WAVE ファイル**）に保存しています．ここで，標本化周波数は 8,000 Hz，長さは 1 秒とします．

```
>> fs = 8000;                        % 標本化周波数
>> t = 0:1/fs:1-1/fs;                % 時刻（ベクトル）
>> y1 = sin(2*pi*440*t);             % 正弦波（440 Hz）
>> audiowrite('sin440.wav',y1,fs)    % WAVE ファイルへの保存
```

▶［ヒント］
audiowrite では MPEG-4 AAC などの形式でも保存可能です．

変数 fs は標本化周波数です．この場合，1 秒間に fs 個のデータがあるわけですから，1 つのデータは $\frac{1}{fs}$ 秒の長さを持ちます．そこで，2 行目の時刻の変数 t のきざみ値は 1/fs となります．また，変数 t の最終値を 1-1/fs としているのは，変数 t の要素数を 8,000 個（=1 秒）とするためです．

3 行目では，以下の式で表される時間軸上の正弦波を計算しています．

$$y_1 = \sin(2\pi f t) \tag{5.1}$$

ここで，f は周波数，t は時刻です．

上のようにして保存された WAVE ファイルは Windows Media Player などで再生することができます．MATLAB 上でこの音を再生するには，コマンド sound に音データと標本化周波数を与えます．

```
>> sound(y1,fs)                     % 音の再生
```

▶［ヒント］
audioplayer を使えばより高度な制御が可能です．

また，波形の振幅を正規化（スケーリング）して再生する soundsc も同様に実行できます．正規化とは振幅の絶対値の最大値が 1 になるようにする処理です．このコマンドを使うと，振幅が小さい波形でも大きな音量で再生されますので注意してください．

```
>> soundsc(y1,fs)                   % 音の再生（正規化）
```

ちなみに，ステレオのデータを作る場合には，左右 2 チャネル分のデータを持つ行列を作る必要があります．以下のステートメントでは，1 行目（左チャネル）に 440 Hz の正弦波，2 行目（右チャネル）に 445 Hz の正弦波を代入した配列を作成しています．

```
>> y2 = [sin(2*pi*440*t); sin(2*pi*445*t)];
```

この波形をステレオスピーカーで再生すると「うなり」が生じますので確かめてみてください．

次に，オーディオファイルを読み込む方法について解説します．オーディオファイルも [ホーム] タブの [データのインポート] で読み込むことができます．[データのインポート] で上記の sin440.wav を選択すると，図 5.7 のインポートウィザードが現れます．このウィザードでは変数の内容を確認したり，変数名を変更したりすることができます．もちろん，MATLAB で作成したオーディオファイル以外も読み込み可能です．

図 5.7 WAVE ファイルのインポート（data が波形データ，fs が標本化周波数）

最後に，コマンド操作によりオーディオファイルを読み込む方法を解説します．読み込みには audioread を用います．このコマンドの引数はオーディオファイルの名称で，波形のデータと標本化周波数が得られます．

```
>> [x,fs] = audioread('sin440.wav');
```

変数 x が波形のデータ，変数 fs が標本化周波数です．

5.7 フォルダー内の全てのファイルに対する処理

前節までは 1 つ 1 つのファイルを GUI やコマンドで処理していました．しかし，ファイルの数が多くなると手作業で行うのは大変ですし，ミスも発生しやすくなります．そこで，プログラムを活用する方法を解説します．

☞ **ここがポイント**

dir でフォルダー内の情報を取得し，for 文で個々のファイルにアクセスします．

解説

dir を使うと引数で指定したフォルダー内に存在するフォルダーとファイルの情報を取得できます．まずは，コマンドウィンドウでこのコマンドを実行してみましょう．

```
>> dir
```

▶ [ヒント]
dir は directory の最初の3文字を取ったものです．

現在のフォルダーに含まれるフォルダーとファイルの名前が表示されたはずです．このとき表示される1個のピリオド (.) は現在のフォルダーを意味し，2個連続したピリオド (..) は親フォルダー（1つ上のフォルダー）を意味します．

dir の戻り値を変数に代入すると，構造体の配列（§2.11 参照）が得られます．

```
>> dlist = dir

dlist =

10x1 struct array with fields:

    name
    date
    bytes
    isdir
    datenum
```

この構造体は，フィールドとして name（フォルダー名やファイル名），date（変更日時），bytes（ファイルサイズ），isdir（フォルダーか否か），datenum（変更日時を表す数値）を持っています．この構造体は配列になっていますので，以下のようにすれば3番目の要素のフォルダー名もしくはファイル名を表示させることができます．

```
>> dlist(3).name
```

これを参考にしてほかの要素のフィールドを表示させてみてください．

では，dir を利用して指定したフォルダー内のすべてのフォルダーやファイルの名前を表示する関数を作ってみましょう．

プログラム 5.1　myprog01.m

```
1  function myprog01(folder)
2  % フォルダー内の全フォルダー・ファイル名を表示
3
4  dlist = dir(folder);
5  for i = 1:length(dlist)
6    disp(dlist(i).name)
7  end
8
9  end
```

このプログラムはフォルダー名を引数として実行します．現在のフォルダーを指定する場合には以下のようになります．

> \>> myprog01('.')

フォルダー名は文字列として与える必要があるため，上のようにシングルクォーテーションで囲みます．もし現在のフォルダーの中に data というフォルダーがあれば，以下のようにして実行することができます．

> \>> myprog01('data')

プログラム 5.1 では，4 行目でフォルダーの情報を変数 dlist に保存しています．続く 5〜7 行目では変数 i を 1 から length(dlist) まで更新して for 文を実行しています．この length(dlist) は dlist の要素数，つまり dir で得られるフォルダーとファイルの総数を意味します．したがって，6 行目は変数 i の値を増やしながらこの総数分だけ実行されることになります．

プログラム 5.1 は指定したフォルダー内の全てのフォルダーとファイルの名前を表示しますが，ファイル名のみ表示させるにはどのようにしたらよいでしょうか．ここで役に立つのが構造体のフィールドの 1 つである isdir です．

プログラム 5.2 は isdir を利用してファイル名のみを表示させるものです．isdir は 6 行目に現れていますが，dlist(i).isdir は i 番目の要素がフォルダーであれば 1，そうでなければ 0 の値をとります．プログラム 5.2 では，if 文を使ってこの値が 0 の場合のみ 7 行目を実行するようにしています．その結果，このプログラムを実行するとファイル名だけが表示されることになります．

▶ [ヒント]
この「総数」には現在のフォルダーと親フォルダーも含まれます．

プログラム 5.2　myprog02.m

```matlab
function myprog02(folder)
% フォルダー内の全ファイル名を表示

dlist = dir(folder);
for i = 1:length(dlist)
  if dlist(i).isdir == 0   % ~dlist(i).isdirでも OK
    disp(dlist(i).name)
  end
end

end
```

ところで，プログラム 5.2 ではフォルダー名が正しく与えられることを前提としていました．しかし，利用者がフォルダー名を間違うこともあり得ます．そんなときのために，引数で指定されたフォルダが存在するかをチェックする機能を追加します．exist は変数や関数などの有無を調べる関数で，引数がフォルダーであれば 7 を返します．

プログラム 5.3　myprog03.m

```matlab
function myprog03(folder)
% フォルダーの有無をチェック後，ファイル名を表示

% フォルダーの有無をチェック
if exist(folder) ~= 7
  error([folder 'は存在しません'])
end

% 全ファイルを表示
dlist = dir(folder);
for i = 1:length(dlist)
  if dlist(i).isdir == 0
    disp(dlist(i).name)
  end
end

end
```

最後に，フォルダー内の全てのファイルを読み込んで処理するプログラムのひな形を示します．プログラム 5.4 ではフォルダーの中に MAT ファイルのみ存在することを前提として，`load` でデータを読み込んでいます．

14 行目で使われている `fullfile` は，フォルダー名とファイル名の間にファイル区切り文字を挿入して連結する関数です．results というフォルダーの中の data1.mat というファイルを読み込むには，`load('results¥data1.mat')` を実行しなければなりません．しかし，`dlist(i).name` にはファイル名（この例では data1.mat）しか入っていませんので，`fullfile` でフォルダー（この例では results）を指定する必要があるのです．

なお，ファイル区切り文字は OS によって異なりますが，このコマンドは OS に応じて自動的にファイル区切り文字を選択します．そのため，このプログラムは OS によらず動作します．このプログラムの 17 行目を変更すれば様々な処理に応用できますので，目的に合わせて改良して活用してください．

プログラム 5.4　myprog04.m

```
 1  function myprog04(folder)
 2  % フォルダー内の全ファイルを処理するひな形
 3
 4  % フォルダーの有無をチェック
 5  if exist(folder) ~= 7
 6    error([folder 'は存在しません'])
 7  end
 8
 9  % 全ファイルを処理
10  dlist = dir(folder);
11  for i = 1:length(dlist)
12    if dlist(i).isdir == 0
13      % フォルダー名とファイル名を連結
14      file = fullfile(folder,dlist(i).name);
15      disp(file);        % 変数 file を表示
16      load(file);        % データの読み込み
17      % 読み込んだデータに対する処理
18    end
19  end
20
21  end
```

5.8 フォルダー内の特定の形式のファイルを対象とする処理

フォルダーに様々な種類のファイルが混在している場合には，指定した形式のファイルだけを処理するプログラムが必要になります．ここでは，拡張子を利用する方法を解説します．

> ☞ **ここがポイント**
> `fileparts`で拡張子を取得して，それによってファイル形式を選別します．

解説

多くの場合，ファイルは拡張子によってその種類を判別することができます．そこで，ファイル名から拡張子を取り出して，それが処理対象のものであるかどうかを判定します．

ファイル名から拡張子を取り出すには`fileparts`を用います．この関数は，引数としてファイル名を与えると，パス，ファイル名の拡張子以外の部分，拡張子の3つをこの順序で返します．このうち，パスはフォルダーの部分に対応します．試しに，以下のように実行してみましょう．引数として指定するファイルが実在しなくてもかまいません．

```
>> [path,name,ext] = fileparts('results\abc\data1.mat')

path =
results\abc

name =
data1

ext =
.mat
```

▶ [ヒント]
Mac OS X ではファイルの区切り文字は / です．

拡張子にはピリオドが含まれることに注意してください．

得られた拡張子が `.mat` であれば，そのファイルは MAT ファイルですし，`.jpg` であれば JPEG 形式の画像ファイルです．これを調べるには §4.9 で解説した `strcmp` を用います．この関数は，引数で与えた2つの文字列が等しければ 1（真），異なれば 0（偽）を返します．

では，これらの関数を使って，前節のプログラム 5.4 を MAT ファイルだけ読み込むように変更してみましょう．

プログラム 5.5　myprog05.m

```
1  function myprog05(folder)
2  % フォルダー内の MAT ファイルの処理
3  
4  % フォルダーの有無をチェック
5  if exist(folder) ~= 7
6    error([folder 'は存在しません'])
7  end
8  
9  % 全ての MAT ファイルを表示
10 dlist = dir(folder);
11 for i = 1:length(dlist)
12   if dlist(i).isdir == 0
13     [path,name,ext] = fileparts(dlist(i).name)
14     % MAT ファイルか否かを判定
15     if strcmp(ext,'.mat')
16       file = fullfile(folder,dlist(i).name);
17       disp(file);         % 変数 file を表示
18       load(file);         % データの読み込み
19       % 読み込んだデータに対する処理
20     end
21   end
22 end
23 
24 end
```

このプログラムでは，13行目でファイル名から拡張子を取り出し，15行目でそれが .mat と一致するかどうかを判定しています．そして，一致した場合には16行目以降の処理が実行されます．19行目を変更することによって，フォルダ内の全ての MAT ファイルに対して様々な処理を行うことができます．また，15行目の拡張子を変更することによって，ほかのファイル形式にも対応させることができます．

5.9　GUI によるフォルダーやファイルの指定

　データを処理するプログラムでは，その引数としてフォルダー名やファイル名を与えることが多くなります．しかし，それらを GUI で与えた方が便利な場合がありますし，ちょっとかっこいいですよね．

🖝 ここがポイント

フォルダー指定には `uigetdir`，ファイル指定には `uigetfile`，`uiputfile` を使います．

解　説

はじめに，GUIでフォルダーを指定する方法を説明します．以下のステートメントを実行すると，図5.8のようなフォルダーを指定するダイアログが表示されます．

```
>> folder = uigetdir
```

図 **5.8** `uigetdir` により表示されるダイアログ

あっけないほど簡単ですね．現れたダイアログでフォルダーを選択すると，変数 `folder` にはそのフォルダーの**絶対パス**が代入され，キャンセルすると 0 が代入されます．絶対パスとは，ファイルシステムの最上位のフォルダーから当該のフォルダーまでの全てのフォルダーを記載したフォルダーの指定法です．Windowsでは，例えば，C:￥users￥（ユーザー名）￥Documents￥MATLAB のようになります．

では，`uigetdir` を使ってフォルダーを指定し，その中のファイル名を表示させるプログラムを作ってみましょう．`uigetdir` を使う場合には，その戻り値が 0 でないこと（キャンセルされていないこと）を必ず if 文などで確認した上で以降の処理に進むようにします．

プログラム 5.6　myprog06.m

```
1  function myprog06()
2  % uigetdir の使用例
3  
4  folder = uigetdir;
5  if folder ~= 0              % キャンセルされていないことを確認
6    dlist = dir(folder);
7    for i = 1:length(dlist)
8      if dlist(i).isdir == 0   % ファイルのみ処理
9        disp(dlist(i).name)
10     end
11   end
12 end
13 
14 end
```

9行目の部分を変更すれば，様々な処理を行わせることができます．

次に，GUIでファイルを指定する方法を説明します．データを読み込むファイルを指定する場合にはuigetfile，データを書き込むファイルを指定する場合にはuiputfileを使います．まず，uigetfileについて説明します．

コマンドウィンドウで以下のステートメントを実行すると，ファイル指定のダイアログが表示されます．

```
>> [file,path] = uigetfile
```

▶ [ヒント]
　類似の関数としてuiopen，uisaveもあります．

ファイルを指定するとファイル名と絶対パスを返し，キャンセルされればこれらの値は0になります．戻り値がファイル名，絶対パスの順序で返され，直感の逆となっていることに注意が必要です．

uigetfileに引数を指定することによって，ダイアログで選択できるファイルの種類（拡張子）やダイアログのタイトルを指定することができます．以下のように，1つ目の引数で選択できるファイルの種類を，2つ目の引数でタイトルを指定します．タイトルには日本語も使用できます．

▶ [ヒント]
　筆者が確認した限り，Mac OS X 版ではタイトルが表示されないようです．

```
>> [file,path] = uigetfile('*.mat',...
   'MAT ファイルを選んでください')
```

▶ [ヒント]
　MultiSelectというオプションを指定すると，複数のファイルを選択可能です．

このステートメントにより表示されるダイアログを図5.9に示します．ダイアログが第2引数で指定したものになっていることを確認してください．

5.9 GUIによるフォルダーやファイルの指定

図 5.9 uigetfile により表示されるダイアログ

uigetfile の第 1 引数の * はワイルドカードを表し，この部分には任意の文字列が入りうることを意味します．つまり，*.mat は「拡張子が .mat のあらゆるファイル」ということになります．第 1 引数をこのように指定することによって，図 5.9 のようにダイアログで MAT ファイルのみが表示されるようになります．拡張子を変更すればほかのファイル形式を表示させることができ，第 1 引数を *.* とすれば全てのファイルを表示させることができます．

これを利用したプログラム 5.7 を見てみましょう．uigetfile でもファイル選択がキャンセルされると戻り値が 0 になります．そこで，if 文でその値が 0 でないことをチェックしてからデータを読み込むようにします．

プログラム 5.7　myprog07.m

```
1  function myprog07()
2  % uigetfile の使用例
3
4  [file,path] = uigetfile('*.mat',...
5               'MAT ファイルを選んでください');
6  if file ~= 0              % キャンセルされていないことを確認
7     load(fullfile(path,file))
8     % 読み込んだデータに対する処理
9  end
10
11 end
```

次に，uiputfile について説明します．使い方は uigetfile とほとんど同じですが，その機能には異なる点があります．それは，uiputfile は新規ファイルを指定することができるということです．これができないと既存のファイルへの上書きしかできなくなりますので，当然の違いといえます．

プログラム 5.8 は uiputfile の使用例です．この例は，引数で与えた x の値をファイルに保存するプログラムです．uiputfile もファイル選択がキャンセルされると戻り値が 0 になりますので，if 文でその値が 0 でないことをチェックしてからデータを書き込むようにします．

プログラム 5.8　myprog08.m

```
1  function myprog08(x)
2  % uiputfileの使用例
3  
4  [file,path] = uiputfile('*.mat',...
5                'MATファイルを選んでください');
6  if file ~= 0              % キャンセルされていないことを確認
7    save(fullfile(path,file),'x')    % 引数xを保存
8  end
9  
10 end
```

プログラム 5.8 は例えば以下のようにして実行します．

```
>> x = 1:10;
>> myprog08(x)
```

実行すると，uiputfile によりダイアログが表示され，それに入力したファイルにデータが保存されます．

5.10　連番付きのファイルへの保存

データを保存するとき，data1.mat，data2.mat，… といった連番付きのファイルに保存したいということがあると思います．ここでは，自動的に連番付きのファイル名を生成する方法を解説します．

☞ ここがポイント

書式を指定して文字列を生成できる sprintf を使ってファイル名を生成して保存します．

> **解　説**

連番付きのファイルに保存する際には，以下の3つのステップを繰り返す必要があります．

1. データを用意する
2. 連番付きのファイル名を文字列として用意する
3. データをファイルに保存する

2番目のステップを実行するために sprintf を利用します．

これは指定された書式の文字列を返す関数で，使い方はちょっと複雑ですが，使いこなせば大変便利です．まずは例を見てみましょう．

▶ [ヒント]
　使い方は C などに用意されている sprintf とほとんど同じです．

```
>> n = 1;
>> file = sprintf('data%d.mat',n)

file =

data1.mat

>> n = n + 1;
>> file = sprintf('data%d.mat',n)

file =

data2.mat
```

sprintf の第1引数は書式を定義しています．この中の %d は整数を意味し，**書式演算子**，書式指定子などと呼ばれます．この整数に対応するのが第2引数で，その値を文字列に変換して %d の部分を置き換えます．そのため，変数 n の値が 1 のときは data1.mat が得られ，n に 1 加算された後には data2.mat が得られることになります．

第1引数の中で %d は複数使うことができますが，その数に対応する変数を引数として与える必要があります．

```
>> m = 1;
>> n = 2;
>> file = sprintf('data%d_%d.mat',m,n)

file =

data1_2.mat
```

また，数字の桁数を指定してゼロ埋めした data01.mat, data02.mat, ⋯ のような文字列を作ることもできます．その場合，% と d の間に 0 と桁数を書きます．例えば，ゼロ埋めした 2 桁で表す場合には，以下のように %02d とします．

```
>> n = 5;
>> file = sprintf('data%02d.mat',n)

file =

data05.mat

>> n = n + 5;
>> file = sprintf('data%02d.mat',n)

file =

data10.mat
```

ゼロ埋めをしておくと，Windows のエクスプローラなどでファイルを表示する際に，数字の小さい方からファイルが整列するので便利です．

書式の中で文字列を指定するには以下のように %s を使います．

```
>> str = 'result';
>> n = 1;
>> file = sprintf('%s-%03d.mat',str,n)

file =

result-001.mat
```

では，sprintf を利用したプログラムを作ってみましょう．プログラム 5.9 は乱数のデータをファイルに書き込むもので，第 1 引数でファイル名の本体部分，第 2 引数で生成するファイルの個数を指定します．ファイル名にはゼロ埋めされた 3 桁の数字が含まれます．

プログラム 5.9　myprog09.m

```
1  function myprog09(filebody,nFile)
2  % 乱数データを連番付き MAT ファイルに保存
3
4  for n = 1:nFile
5    x = rand(100,1);
6    file = sprintf('%s%03d.mat',filebody,n);
7    save(file,'x')
8  end
9
10 end
```

プログラム作成後，以下のように実行すれば，randdata001.mat, …, randdata030.mat の 30 個の MAT ファイルが生成されます．

```
>> myprog09('randdata',30)
```

本節で解説した内容は連番付きのファイルの読み込みにも応用できます．また，sprintf はファイル名に限らず，文字列の生成に広く利用することができ便利です．

5.11　テキストファイルへの出力における書式指定

save（§5.1 参照）ではデータをテキストファイルに書き込むことができますが，その書式を細かく指定することはできません．ここでは，fprintf を使った少し高度なテクニックを紹介します．

――☞ ここがポイント ――
fopen でファイルをオープンし，fprintf で書き込み，fclose でファイルをクローズします．

解説

fprintf を使うとテキストファイルへの出力形式を細かく指定できます．このコマンドを用いてファイルに書き込むには以下の 3 つの手順を踏む必要があります．

1. ファイルをオープンする
2. データを書き込む
3. ファイルをクローズする

手順1の実行にはfopenを使います．fopenの第1引数はファイル名です．第2引数はファイル操作のモードで，書き込みの場合には'w'を指定します．戻り値の1つ目は**ファイル識別子**と呼ばれる値で，ファイルのオープンに成功すれば3以上の値となり，失敗すれば−1となります．戻り値の2つ目はファイルのオープンに失敗した場合のエラーメッセージです．

以下のステートメントでは，output.txtというファイルを書き込みモードでオープンしています．ファイル識別子fidとして3が得られているので，ファイルのオープンに成功していることがわかります．そして，ファイルのオープンに成功しているので，エラーメッセージerrmsgは空となっています．

```
>> [fid,errmsg] = fopen('output.txt','w')

fid =

     3


errmsg =

    ''
```

以上で手順1は終了です．

▶ [ヒント]
使い方はCなどに用意されているfprintfとほとんど同じです．

手順2ではfprintfを用いて書式を指定してデータを書き込みます．書式の指定には，sprintfでも書式の指定に用いた書式演算子を用います．主な書式演算子としては，整数を表す%d，実数を表す%f，文字列を表す%sがあります．%dと%fは数字と組み合わせて桁数の指定が可能です．また，\nは改行を表します．

fprintfは次のように，ファイル識別子，書式，変数を引数として実行します．書式演算子と変数は1対1に対応づける必要があります．以下のステートメントでは，%dと変数n，%.3fと変数x，%.3fと変数yが対応しています．%.3fは，小数点以下第3位まで表示することを意味します．

```
>> n = 1;
>> x = 1.293;
>> y = -2.54;
>> fprintf(fid,'No. %d: (%.3f,%.3f)\n',n,x,y);
```

必要なだけデータを書き込んだら手順2は終了です．

最後に手順3でファイルをクローズします．これはfcloseの引数にファイル識別子を与えて実行するだけです．

```
>> fclose(fid);
```

以上でファイルへの書き込みは完了です．

一連の処理により output.txt に書き込まれた内容を type を用いて確認してみましょう．

```
>> type output.txt
No. 1: (1.293,-2.540)
```

上記の fprintf のステートメントとファイルの内容が対応していることを確認してください．

では，fprintf を使ってデータをテキストファイルに書き込むプログラムを作ってみましょう．

プログラム 5.10　myprog10.m

```
1  function myprog10(file,data)
2  % 行列をテキストファイルに出力
3
4  % ファイルのオープン
5  [fid,errmsg] = fopen(file,'w');
6
7  % オープン失敗ならエラーメッセージを表示して終了
8  if fid < 0
9    error(errmsg)
10 end
11
12 [m,n] = size(data);              % 行数と列数
13 % 各行に関する処理
14 for i = 1:m
15   fprintf(fid,'line%2d:',i);    % 行番号の出力
16   % i 行目の各列の要素の出力
17   for j = 1:n
18     fprintf(fid,'%6.2f',data(i,j));
19   end
20   fprintf(fid,'\n');             % 改行の出力
21 end
22
23 % ファイルのクローズ
24 fclose(fid);
25
26 end
```

このプログラムは例えば以下のように実行します．

```
>> myprog10('output.txt',rand(5))
```

プログラム 5.10 では，まず 5 行目で引数で指定されたファイルをオープンしています．もしそれが失敗したら，9 行目でエラーメッセージを表示してプログラムを終了します．ファイルのオープンが成功したら，12 行目で保存の対象となる行列の行数と列数を得て，14 行目からの for 文で行ごとに出力しています．15 行目の書式演算子の %2d は 2 桁の整数，18 行目のの書式演算子の %6.2f は小数点以下 2 位を含む 6 桁（小数点も 1 桁にカウントされる）の実数を意味しています．

書式演算子には本節で紹介したもの以外にも多数あり，複雑な書式を指定することができます．詳細は fprintf のドキュメンテーションの「出力フィールドの書式」の項目を参照してください．

5.12 バイナリファイルの読み書き

バイナリファイルはファイルサイズが小さく，高速なアクセスが可能です．誰もが必要になるテクニックではありませんが，ここではバイナリファイルの読み書きする方法を紹介します．

> **☞ ここがポイント**
>
> fopen でファイルをオープンし，fwrite で書き込み（または fread で読み込み），fclose でファイルをクローズします．

解説

一般に，バイナリファイルはテキストファイルよりもサイズが小さく，データの読み書きも高速なので，大きなサイズのデータの保存に有利です．ただし，その内容をエディタなどで簡単に見ることはできません．

バイナリファイルにデータを書き込むには，前節のテキストファイルの場合と同様に，次の 3 つの手順を踏みます．

1. ファイルをオープンする
2. データを書き込む
3. ファイルをクローズする

このうち，手順 1 と 3 は前節で説明したように fopen と fclose を用います．ステップ 2 は fwrite を使って実行します．まずは，コマンドウインドウで一連の処理を実行してみましょう．

```
>> a = rand(5);
>> [fid,errmsg] = fopen('binfile.bin','w');
>> fwrite(fid,a,'double');
>> fclose(fid);
```

この処理では，binfile.bin というファイルに，5×5 の乱数のデータを 64 ビット（8 バイト）の浮動小数点のデータとして保存しています．この「64 ビットの浮動小数点」は fwrite の第 2 引数である 'double' で指定されています．第 2 引数には表 5.1 に示す文字列を使うことができます．

では，データをバイナリファイルに保存するプログラムを作ってみましょう．このプログラムは，引数としてファイル名，データ（変数），型と精度（表 5.1）を与えるようにしています．

▶ [ヒント]
1 バイト (byte) は 8 ビット (bit) です．

▶ [ヒント]
第 2 引数を指定しないと 8 ビットの符号なし整数 (uint8) として保存されます．

プログラム 5.11　myprog11.m

```
1  function myprog11(filename,data,prec)
2  % データをバイナリファイルへ保存
3
4  % ファイルのオープン
5  [fid,errmsg] = fopen(filename,'w');
6
7  % オープン失敗ならエラーメッセージを表示して終了
8  if fid < 0
9    error(errmsg)
10 end
11
12 % バイナリデータの書き込み
13 fwrite(fid,data,prec);
14
15 % ファイルのクローズ
16 fclose(fid);
17
18 end
```

表 5.1 種々のデータ型および精度

データ型	精度（ビット）	型と精度を表す文字列
符号付き整数	32	int
	8	int8
	16	int16
	32	int32
	64	int64
	8	integer*8
	16	integer*16
	32	integer*32
	64	integer*64
	8	schar
	8	signed char
	16	short
	32	long
	$1 \leq n \leq 64$	bit$n$
符号なし整数	32	uint
	8	uint8
	16	uint16
	32	uint32
	64	uint64
	8	uchar
	8	unsigned char
	16	ushort
	32	ulong
	$1 \leq n \leq 64$	ubit$n$
浮動小数点	32	single
	64	double
	32	float
	32	float32
	64	float64
	32	real*4
	64	real*8
文字	8	char*1

プログラム 5.11 は例えば以下のようにして実行します．

```
>> x = 1:10;
>> myprog11('data.bin',x,'int');
```

次に，バイナリファイルからデータを読み込む方法を説明します．バイナリファイルに読み込むときにも，以下の 3 つの手順で行います．

1. ファイルをオープンする
2. データを読み込む
3. ファイルをクローズする

このとき重要なのは，あらかじめファイルに保存されているデータの型を（場合によっては個数も）あらかじめ知っておく必要があるということです．

以下のようにすると，本節の初めに作成したバイナリファイル binfile.bin 内の全てのデータが変数 b に読み込まれます．

```
>> fid = fopen('binfile.bin','r');
>> b = fread(fid,'double');
>> fclose(fid);
```

このとき，データの型と精度（以下の例では double）を間違うとでたらめな数値が読み込まれてしまいます．やっかいなことに，この指定が間違っていても特にエラーが生じることなく，（誤った）データが読み込まれてしまうため，注意が必要です．

この例のように，バイナリファイルに保存されているデータが 5×5 行列であることがわかっていれば，fread の第 2 引数で指定することもできます．

```
>> fid = fopen('binfile.bin','r');
>> c = fread(fid,[5 5],'double');
>> fclose(fid);
```

このとき，変数 c には 5×5 行列が読み込まれます．

最後に，バイナリファイルに保存されたデータを読み込むプログラムを以下に示します．引数としてファイル名，型と精度（表 5.1）を与えます．

プログラム 5.12　myprog12.m

```
1  function data = myprog12(filename,prec)
2  % バイナリファイルからデータを読み込み
3
4  % ファイルのオープン
5  [fid,errmsg] = fopen(file,'r');
6
7  % オープン失敗ならエラーメッセージを表示して終了
8  if fid < 0
9     error(errmsg)
10 end
11
12 % バイナリデータの読み込み
13 data = fread(fid,prec);
14
15 % ファイルのクローズ
16 fclose(fid);
17
18 end
```

プログラム 5.12 は例えば以下のようにして実行します.

```
>> y = myprog12('data.bin','int');
```

上述したように，バイナリファイルの場合，保存したデータ型と同じデータ型で読み込む必要があります．そのため，このプログラムの実行時には第 2 引数を正しく指定することが重要です．

5章　演習問題

問題 1

テキストファイル count.dat からデータを読み込んで，その 1 列目のデータを MAT ファイルとして現在のフォルダーに保存せよ．count.dat は MATLAB の検索パス（§4.15 参照）に含まれている．

問題 2

引数で指定したフォルダー内の全ての Excel ファイルのファイル名をコマンドウィンドウに表示する関数を作成せよ．Excel ではバージョンによって 2 種類の拡張子（.xls と.xlsx）が使われるが，どちらの拡張子を使っていてもそのファイル名を表示できるようせよ．

問題 3

周波数 f Hz のノコギリ波は以下の式で表される．

$$x(t) = 2 \times \left(ft - \left\lfloor ft + \frac{1}{2} \right\rfloor \right) \tag{5.2}$$

ここで，t は時刻であり，$\lfloor x \rfloor$ は x を超えない最大の整数を意味する（床関数）．引数で f と WAVE ファイル名を与えると，f Hz のノコギリ波をその WAVE ファイルに保存する関数を作成せよ．標本化周波数は 8,000 Hz，ノコギリ波の時間長は 1 秒に固定してよい．

問題 4

閾値処理によりモノクロ画像を二値画像に変換する関数を作成せよ．二値画像とは各点の値（画素値）が 1 または 0 の画像であり，閾値処理とは画素値がある値（閾値）より大きい場合は 1，それより小さい場合には 0 とする処理をいう．画像の表示には，以下のように imagesc と colormap を用いるとよい．

```
>> img = imread('eight.tif');
>> imagesc(img); colormap(gray); axis equal
```

問題 5

§5.10 のプログラム 5.9 によって出力した 30 個の MAT ファイルを順に読み込んで，各 MAT ファイルの平均値を以下のようにテキストファイルに出力する関数を作成せよ．出力用のファイルの名前はこの関数の引数で与えるようにすること．なお，以下の数字はあくまで一例である．

```
randdata001.mat: 0.553
randdata002.mat: 0.424
randdata003.mat: 0.623
  ⋮
```

第6章　GUIDEによるGUI
　　　　プログラムの作成

[ねらい]
　近年では研究や開発の成果を公開したり，わかりやすくデモンストレーションしたりすることが求められるようになりました．そのようなとき，GUI を備えたプログラムはわかりやすさ，使いやすさの点で有利です．本章では GUIDE というツールを用いて GUI によって操作するプログラムを作る方法を解説します．

[この章の項目]

　GUIDE の使い方
　各種コンポーネントについて
　メニューの作り方
　コールバックの書き方

6.1 入力エリアとボタンを用いたプログラム

　GUI プログラムの作り方は前章までに作成してきた関数やコマンドの作り方といくつかの点で異なります．本節では，ごくシンプルな電卓を作ることを通してその基本を解説します．

> ☞ **ここがポイント**
> GUI プログラムはイベント駆動型と言われるタイプのプログラムで，利用者の操作に応じて処理が変化します．

解説

　本節では図 6.1 のような簡易電卓プログラムを作成します．上の 2 つの入力エリアに数を入力し，加算または減算のボタンをクリックすると，下のエリアに計算結果が表示されます．

図 **6.1**　本節で作成する簡易電卓プログラム

　[ホーム] タブの [新規作成] メニューから [グラフィカルユーザーインターフェース] を選択すると図 6.2 に示す**クイックスタートダイアログ**が現れます．コマンドウィンドウに guide というコマンドを入力してもこのダイアログを表示させることができます．

　このダイアログで空白の GUI を選択して [OK] ボタンをクリックすると，図 6.3 に示すウィンドウが表示されます．このウィンドウの左側には各種の**コンポーネント**（部品）に対応したアイコンが並んでいます．アイコンにマウスポインタを重ねると，ポップアップウィンドウにその名称が表示されます．また，[ホーム] タブの [設定] をクリックし，[GUIDE] の項目で「コンポーネントパレットに名前を表示」にチェックを入れると，図 6.4 のように各コンポーネントの名称が表示されます．

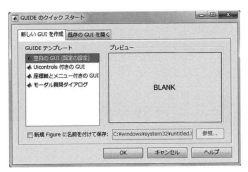

図 6.2　GUIDE のクイックスタートダイアログ

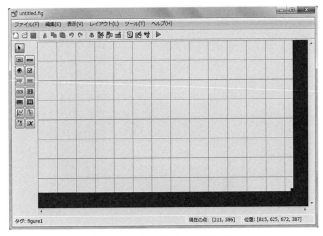

図 6.3　GUIDE の初期画面

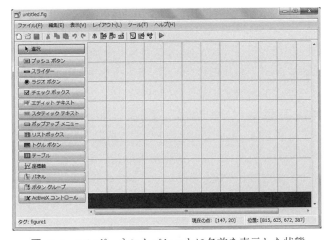

図 6.4　コンポーネントパレットに名前を表示した状態

　では，電卓を作っていきます．まず，電卓のサイズに合わせてグリッドが表示されている領域（**キャンバス**）のサイズを調整します．この領域の右下隅をドラッグするとそのサイズを変更することができます．

続いて，コンポーネントを配置します．まず，数字を入力，表示する領域を3つ作成します．数字に限らず，文字列の入力，表示には**エディットテキスト**を利用します．エディットテキストのボタンをクリックし，その位置とサイズをキャンバス上で指定します．コピー＆ペーストによって同じサイズのコンポーネントを増やすこともできます．

▶ ［ヒント］
文字列の表示は**スタティックテキスト**も利用可能です

次に，加算と減算に対応した**プッシュボタン**を配置します．これらの作業が済むと，図 6.5 のような状態になります．

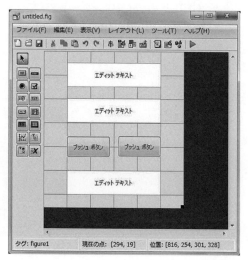

図 6.5 3個のエディットテキストと2個のプッシュボタンを配置した状態

なお，複数のコンポーネントの位置関係は，ツールバーの [オブジェクト整列]，あるいは，［ツール］メニューの [オブジェクト整列…] で調整することができます．キャンバス上の複数のコンポーネントを選択し，図 6.6 のオブジェクト整列ダイアログで希望する整列操作のアイコンを選びます．例えば，垂直方向の整列操作では上揃え，中央揃え，下揃え，間隔指定が選択できます．これらの中から，垂直方向，水平方向で各 1 つずつ指定し，[適用] ボタンをクリックすると，それぞれの方向について整列が実行されます．

コンポーネントを配置した後，各コンポーネントの属性を設定します．まず，一番上のエディットテキストをダブルクリックしてください．すると図 6.7 に示すプロパティインスペクターが現れます．

プロパティインスペクターの左列には属性の名称が表示されており，右列にはその値が表示されています．右列の値を変更して属性を設定します．3 つのエディットテキストのプロパティインスペクターに関して，以下のように属性を変更してください．

図 **6.6** オブジェクト整列ダイアログ

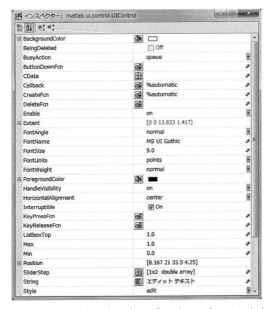

図 **6.7** エディットテキストのプロパティインスペクター

- 上段のエディットテキスト

  ・FontSize: 9 → 20

  ・HorizontalAlignment: center → right

  ・String: エディットテキスト → （文字列削除）

  ・Tag: edit1 → EditNum1

- 中段のエディットテキスト

  ・FontSize: 9 → 20

  ・HorizontalAlignment: center → right

・String: エディットテキスト → （文字列削除）

・Tag: edit2 → EditNum2

● 下段のエディットテキスト

・FontSize: 9 → 20

・HorizontalAlignment: center → right

・String: エディットテキスト → （文字列削除）

・Tag: edit3 → EditAns

FontSize は文字のサイズです．HorizontalAlignment は文字の配置で，これを right にすると右寄せで表示されます．String は初期状態でエディットテキストに表示される文字列を設定します．Tag はコンポーネントの名称で，それぞれ固有の名称を指定する必要があります．ここで示している Tag は一例ですので，変更してもかまいません．ただし，Tag と連動して後述するコールバックの関数名も変わります．

次に，プッシュボタンを選択し，その属性を指定します．プッシュボタンに関しては FontSize を 24 ポイントにし，String をそれぞれの演算子に変更します．Tag にはその機能を表す名称を指定します．

● 左のプッシュボタン

・FontSize: 9 → 24

・String: エディットテキスト → +

・Tag: pushbutton1 → PushbuttonPlus

● 右のプッシュボタン

・FontSize: 9 → 24

・String: エディットテキスト → −

・Tag: pushbutton2 → PushbuttonMinus

以上の設定が済んだら，[Figure の保存] アイコン，あるいは，[ファイル] メニューの [保存] を用いて Fig ファイル（§3.26 参照）として保存します．ここでは，guicalc.fig というファイルに保存します．すると，guicalc.m という M ファイルが自動生成され，エディターに表示されます．

GUIDE でプログラムを作成する場合，Fig ファイルと M ファイルがセットになって１つのプログラムを構成します．Fig ファイルにはコンポーネントの配置や属性，メニューの構造や属性が記録され，M ファイルには各コンポーネントの機能がプログラムされます．一度 M ファイルが自動生成された後にコンポーネントを追加しても，その Fig ファイルを保存すれば，M ファイルの内容が自動的に更新されます．

前章までに作っていた関数のプログラムとGUIにより操作するプログラムには大きな違いがあります．前者では，基本的にプログラムの上から下へ向かって処理が進んでいきます．このようなプログラムを**フロー駆動型**と言います．一方，後者では，プログラム起動後，キーボードからの入力やボタンのクリックといった，利用者の操作（イベント）を待ちます．そして，何らかのイベントが発生したタイミングで，イベントに応じて次の処理が決まっていきます．このようなプログラムを**イベント駆動型**と言います（図6.8参照）．

イベント駆動型のプログラムにおいて，イベントに対応して実行される処理を**コールバック**と言います．GUIプログラムの作成においては，各コンポーネントに対応するコールバックのプログラムを作成していくことになります．

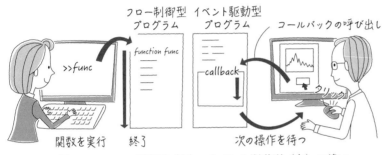

図 **6.8** フロー制御型（左），イベント駆動型（右）の違い

自動生成されたMファイル(guicalc.m)にはコールバックのサブルーチン(§4.8参照)が準備されています．ただし，コールバックの処理内容は自分で追加する必要があります．まずは，以下の行から始まるEditNum1のコールバックを探してみてください．

```
function EditNum1_Callback(hObject, eventdata, handles)
```

▶[注]
`EditNum1_CreateFcn`と間違えやすいので気をつけてください．

このコールバックに以下のようにプログラムを追加します．5行目，6行目の`hObject`の2文字目は数字の0（ゼロ）ではなく，英字のO（オー）ですので間違えないようにしてください．

プログラム 6.1

```
1  function EditNum1_Callback(hObject,...
2     eventdata, handles)
3  % (コメントは略. 以下同様)
4  
5  handles.num1 = str2double(get(hObject,'String'));
6  guidata(hObject,handles);
```

▶ [ヒント]
関数の最後の end は省略可能です（§4.3 参照）．GUIDE で自動生成される関数（コールバック）では end が省略されているので，本章でも省略しています．

▶ [ヒント]
コンポーネントのハンドルはそのコンポーネントを識別するための固有の番号です．

このコールバックは，エディットテキスト EditNum1 に文字が入力されたときに呼び出されて実行されます．その 5 行目では，エディットテキストに入力された文字列を数値に変換して，構造体 handles の num1 というフィールドに保存しています．

エディットテキストへの入力内容は，get(hObject,'String') で取り出すことができます．hObject はコンポーネント（EditNum1）のハンドルです．得られたデータは文字列として取り扱われますが，このプログラムではそれを数値として処理したいので，str2double で数値に変換します．エディットテキストの入力内容をこのようにして抽出できるということは，以下のように EditNum1_Callback の宣言の下のコメントに記載されています（紙面の制約から改行しています）．これはエディットテキストに限らず，ほかのコンポーネントでも同様です．

```
% Hints: get(hObject,'String') returns contents of EditNum1 as text
%        str2double(get(hObject,'String')) returns contents of
               EditNum1 as a double
```

str2double で得られた数値は handles という構造体の num1 というフィールドに代入されています．handles にはもともと num1 は存在せず，この 5 行目で新たに追加されています．そして，6 行目では guidata でその情報を更新しています．

この handles という構造体と guidata というコマンドは，GUIDE によるプログラミングにとって大変重要です．この構造体にフィールドを追加してデータを保存し（または既存のフィールドの値を書き換え），guidata で更新することによって，その値をほかのコールバックでも利用できるようになるのです．

仮に，5 行目において handles.num1 ではなく num1 という変数に値を代入していたとすると，その値をほかのコールバックから参照することができず，プッシュボタンが押されたときに計算することができません．上の例のように，必ず構造体 hanldes のフィールドに値を保存し，guidata で更新する必要があります．

中段のエディットテキストのコールバック EditNum2_Callback にも同様にプログラムを追加してください．

プログラム 6.2

```
1  function EditNum2_Callback(hObject,...
2    eventdata, handles)
3
4  handles.num2 = str2double(get(hObject,'String'));
5  guidata(hObject,handles);
```

続いて，プッシュボタンがクリックされたときの動作をプログラムします．プラスのボタンが押されたときには上の 2 つの数値（handles.num1 と handles.num2）を加算し，マイナスのボタンが押されたときには減算します．そして，得られた結果を下段のエディットテキストに表示するようにします．

まず，プラスのプッシュボタンに関するコールバック PushbuttonPlus_Callback に以下のように 2 行追加します．

プログラム 6.3

```
1  function PushbuttonPlus_Callback(hObject,...
2     eventdata, handles)
3
4  ans = handles.num1 + handles.num2;
5  set(handles.EditAns,'String',num2str(ans));
```

4 行目では handles.num1 と handles.num2 を加算し，変数 ans に代入しています．5 行目では，加算の結果を下段のエディットテキスト (EditAns) に表示させています．set の第 1 引数は対象となるコンポーネントのハンドルです．ここでは，下段のエディットテキストを指定しています．この例からおわかりいただけるように，各コンポーネントのハンドルも構造体 handles に保存されています．そして，ほかのコールバックからコンポーネントを指定する際には，この構造体を用いて handles.EditAns のように指定する必要があるのです．

set の第 2 引数では，エディットテキストに関する属性のうち String を指定しています．そして，第 3 引数には，計算結果の数値を num2str により文字列に変換したデータを与えています．

マイナスのプッシュボタンに関するコールバック PushbuttonMinus_Callback に対しても以下のようにプログラムを追加すれば，この電卓のプログラムは完成です．下段のエディットテキストに対して利用者が何らかの操作をすることを想定していませんので，EditAns_Callback にはプログラムを追加しません．

プログラム 6.4

```
1  function PushbuttonMinus_Callback(hObject,...
2     eventdata, handles)
3
4  ans = handles.num1 - handles.num2;
5  set(handles.EditAns,'String',num2str(ans));
```

では，エディターで上記のプログラムの変更を保存し，実行してみましょう．[エディター] タブの [実行] セクションの [実行] アイコンをクリックすると，図 6.1 の電卓が表示されますので，上段，中段のエディットテキストに数を入力

し，いずれかのボタンをクリックしてみてください．プログラムに誤りがなければ，正しい答えが下段のエディットテキストに表示されるはずです．エラーが生じるとコマンドウィンドウにエラーメッセージが表示されます．

以上，GUIDE を用いた GUI プログラム作成の一連の流れを解説しました．基本的にはコンポーネントを配置し，プロパティインスペクターでその属性を設定し，M ファイルにそれぞれのコールバックの働きを書くとプログラムは完成します．コールバック間のデータをやり取りに構造体 handles を使う点に気をつければ，比較的簡単に GUI で操作できるプログラムを作ることができます．

6.2 コンポーネントの有効/無効の切り替え

前節で作った簡易電卓プログラムでは，入力エリアに数字を入力しなくても演算子のボタンを押すことができてしまいます．これを，数字を入力後にのみ押せるようにします．

> **☞ ここがポイント**
> コンポーネントの属性の1つである Enable の on/off により有効/無効を切り替えることができます．

解　説

本節では，コンポーネントを有効/無効を切り替える方法を解説します．前節で作成した簡易電卓プログラムを改良し，2つの入力エリアに数字が入力されたら演算子のボタンが有効になるようにします．

まず，エディターで guicalc.m を開いてください．そして，guicalc_OpeningFcn を探し，そのサブルーチンの最後に2行（プログラム 6.5 の 6，7 行目）追加してください．

プログラム 6.5

```
1  function guicalc_OpeningFcn(hObject,...
2    eventdata, handles, varargin)
3
4  handles.output = hObject;
5  guidata(hObject, handles);
6  set(handles.PushbuttonPlus,'Enable','off');
7  set(handles.PushbuttonMinus,'Enable','off');
```

6，7 行目は，それぞれ + のボタン，− のボタンの Enable という属性を off に設定しています．これによって，起動時に図 6.9 のようにボタンの色が薄く

表示され，クリックできないようになります．Enable を on と指定すると有効になり，inactive と指定すると有効時と同様に表示されるものの使用はできない状態になります．

▶ [ヒント]
属性 Visible の on/off で表示/非表示を切り替えることもできます．

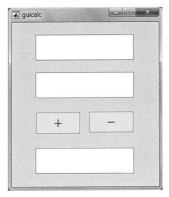

図 6.9 ボタンが無効になっている状態

次に，2つの入力エリアに数字が入力されたらこれらのボタンを有効にするプログラムを追加します．例えば，入力エリア EditNum1 に数字が入力されると，構造体 handles に num1 というフィールドが作られますので，これを利用して2つの数字が入力されたかをチェックします．

EditNum2_Callback を以下のように変更してください．7行目ではフィールドの有無を調べる isfield を用いて構造体 handles に num1 というフィールドが存在するかを調べています．このフィールドが存在するのであれば，上段の入力エリアに数字が入力済みであることがわかります（蛇足ですが，EditNum2_Callback が呼び出されているということは，中段の入力エリアも入力済みということです）．そこで，isfield の戻り値が真であれば2つのプッシュボタンを有効にします．

プログラム 6.6

```
function EditNum2_Callback(hObject,...
   eventdata, handles)

handles.num2 = str2double(get(hObject,'String'));
guidata(hObject, handles);

if isfield(handles,'num1')
   set(handles.PushbuttonPlus,'Enable','on');
   set(handles.PushbuttonMinus,'Enable','on');
end
```

以上で完成です．このプログラムの起動時には図 6.9 のようにプッシュボタンが無効になっています．そして，上段の入力エリアに数字が入力された後，中段の入力エリアに数字が入力され，Enter キーが押されると，これらのプッシュボタンが有効になります．なお，このプログラムは，上段から順に数字が入力されることを前提としていますので，逆順に入力するとプッシュボタンは有効になりません．

6.3 戻り値の設定

GUIDE で作成したプログラムもコマンドウィンドウから実行することができ，戻り値を設定することができます．

> **☞ ここがポイント**
> uiwait と uiresume を使うことによってコマンドウィンドウに戻り値を返すプログラムを作ることができます．

解 説

本節では，GUIDE で作成したプログラムに戻り値を設定する方法を解説します．少し難しいので，必要のない読者はこの節をスキップしていただいてかまいません．

ここでは，前節までに作成した簡易電卓プログラムを改良し，演算子のボタンをクリックすると，戻り値を返してプログラムが終了するようにします．はじめに，前節の段階のプログラムをコマンドウィンドウで実行してみましょう．以下のようにして実行すると，簡易電卓のウィンドウが現れ，コマンドウィンドウにはすぐに次のプロンプトが表示されます．このことを覚えておいてください．

```
>> guicalc
>>
```

では，プログラムを改良していきます．まず，guicalc_OpeningFcn でコメントになっている（コメントアウトされている）以下の行の % を削除してください．この uiwait の行を有効にすると，コマンドウィンドウで guicalc を実行したときにコマンドウィンドウの処理を停止されます．そして，このプログラムが終了するまで次のプロンプトが表示されないようになります．

```
uiwait(handles.figure1);
```

次に，プッシュボタンのコールバックに以下のようにプログラムを追加します．6行目で戻り値となる値を`handles.output`に代入し，7行目で`handles`を更新します．そして，8行目で`uiresume`を実行します．これは，`uiwait`で停止していたコマンドウィンドウの処理を再開させるものです．

プログラム 6.7

```
1  function PushbuttonPlus_Callback(hObject,...
2    eventdata, handles)
3
4  ans = handles.num1 + handles.num2;
5  set(handles.EditAns,'String',num2str(ans));
6  handles.output = ans;
7  guidata(hObject, handles);
8  uiresume();
```

`uiresume`が実行されると，guicalc.m の中の`guicalc_OutputFcn`が呼び出されます．このコールバックを以下に示します．このコールバックでは，4行目で`handles.output`の値をセル配列`varargout`に代入しています．このセル配列の要素が guicalc の戻り値となります．もし，戻り値を2個設定したければ，このコールバックで`varargout{1}`と`varargout{2}`に値を代入します．最後に，5行目で`close`を実行し，簡易電卓のウィンドウを閉じます．GUIDEで作成するGUIプログラムはフィギュアウィンドウ上で動作するので，`close`で閉じることができます．ここで`close`ではなく`quit`や`exit`を実行すると，MATLABそのものが終了してしまいますので注意してください．

プログラム 6.8

```
1  function varargout = guicalc_OutputFcn(hObject,...
2    eventdata, handles)
3
4  varargout{1} = handles.output;
5  close
```

以上の変更が済んだら，プログラムを上書き保存します．そして，コマンドウィンドウで以下のように戻り値を指定して実行してください．本節の最初に実行したときと異なり，電卓が表示されても次のプロンプトが表示されません．

```
>> a = guicalc
```

電卓が表示されたら，実際に計算をしてみてください．演算子のボタンがクリックされると，プログラムが終了し，次のプロンプトが表示されます．この

とき，変数 a には戻り値（計算結果）が代入されています．

6.4 メニューと座標軸を用いたプログラム

メニューを使うと階層構造をもつ機能をまとめて提示することができます．GUIDE にはメニュー専用のエディターが用意されていて，メニューを簡単に作ることができます．

> ☞ **ここがポイント**
>
> メニューエディターでメニューの構造を設定し，各項目のコールバックを書きます．ショートカットも設定可能です．

解　説

本節では，テキストファイルから読み込んだデータをプロットする図 6.10 のような GUI プログラムを作成します．ファイルの読み込みの際には，[ファイル] メニューの [開く…] からファイルを選択できるようにします．また，[ファイル] メニューの [終了] でプログラムを終了できるようにします．

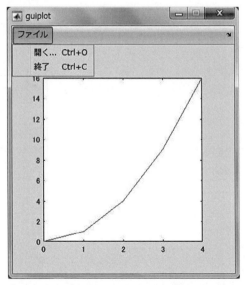

図 **6.10**　本節で作成するグラフ描画プログラム

前節で作成した guicalc.fig のウィンドウが残っていたら閉じてください．そして，改めて GUIDE のクイックスタートダイアログ（図 6.2）を表示させ，空白の GUI を選択します．

はじめに，§6.1 と同様にキャンバスのサイズを調整します．次に，ツールバーの

メニューエディター，あるいは，[ツール] メニューの [メニューエディター…] によりメニューエディターを起動します．

このメニューエディターを使って，まずは [ファイル] というメニューを作ります．ツールバーの [新規メニュー] をクリックし，図 6.11 のようにメニュープロパティーのラベルを "ファイル" に，タグを "MenuFile" に設定してください．タグは一例ですが，これを変更するとコールバックの関数名も変わります．

図 **6.11**　メニューエディターで [ファイル] メニューを追加した状態

次に，ツールバーの [新規メニュー項目] をクリックし，図 6.12 のように，[ファイル] の一段右の階層に [開く…] と [終了] の項目を追加します．前者のラベルは "開く…"，タグは "MenuFileOpen" とし，後者のラベルは "終了"，タグは "MenuFileClose" とします．項目の階層を間違えた場合には，ツールバーの左矢印（[選択した項目を後に移動]）と右矢印（[選択した項目を前に移動]）をクリックすれば変更できます．

ショートカットキーを設定する際には，メニュープロパティーのアクセラレーターを設定します．[開く…] では Ctrl+O，[終了] では Ctrl+C を設定してくだ

▶ [ヒント]
アクセラレーターの指定は必須ではありません．

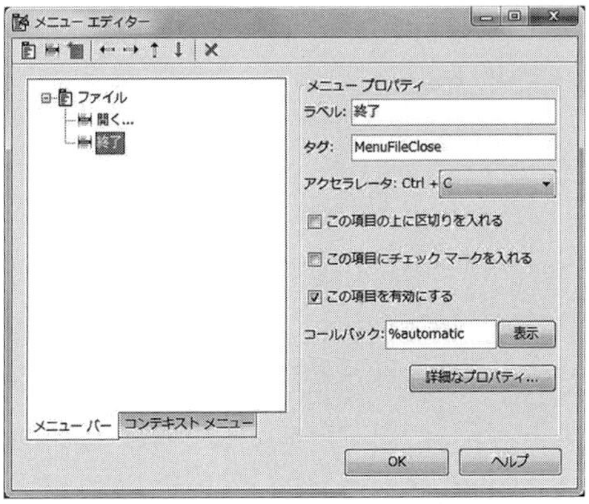

図 **6.12**　メニューエディターで [開く…] と [終了] を追加した状態

さい．Ctrlはキーボードのコントロールキーを表しています．以上の設定が済んだら，[OK]ボタンをクリックしてメニューエディターを終了します．

次に，キャンバスに座標軸のコンポーネントを図6.13のように配置します．そして，そのプロパティインスペクターを表示し，Tagを"AxesPlot"に変更します．

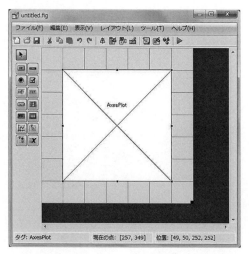

図 6.13 コンポーネントを配置した状態

上記の作業が済んだら，Figファイルに保存します．ここでは，guiplot.figというファイル名にします．保存を実行すると，guiplot.mというMファイルが自動生成され，エディターに表示されます．

前節と同様に，コールバックにプログラムを追加していきます．最初に，[ファイル]メニューの[終了]のコールバックを作ります．このコールバックではフィギュアウィンドウを消すcloseを実行します．

プログラム 6.9

```
1  function MenuFileClose_Callback(hObject,...
2    eventdata, handles)
3
4  close
```

この段階で一度このプログラムを実行してみましょう．Mファイルを保存した後，[エディター]タブの[実行]セクションの[実行]アイコンをクリックしてみてください．そして，表示されたGUIプログラムで[ファイル]→[終了]を選択すると，そのウィンドウが閉じられるはずです．メニューエディターで設定したショートカットキー（アクセラレーター）も試してみてください．

さて，次に [開く…] のコールバックを作ります．このコールバックでは，テキストファイルからデータを読み込み，座標軸にプロットします．

プログラム 6.10

```
1  function MenuFileOpen_Callback(hObject,...
2      eventdata, handles)
3
4  [file,path] = uigetfile('*.txt');
5  if file ~= 0
6      % データの読み込み
7      data = load(fullfile(path,file),'-ascii');
8
9      % 座標軸の指定とプロット
10     axes(handles.AxesPlot)
11     plot(data(:,1),data(:,2))
12 end
```

4 行目では uigetfile (§5.9 参照) を用いてデータを読み込むテキストファイルを指定し，7 行目でデータを読み込みます．ここで読み込んだデータはほかのコールバックで利用されることはありませんので，構造体 handles のフィールドとしてではなく，変数 data に保存しています．10 行目ではグラフをプロットする座標軸 (handles.AxesPlot) を指定し，11 行目でプロットします．このようにプロットに先立ち座標軸を指定する必要があります．

以上でプログラムは完成しましたので，保存して実行してみてください．以下のようなテキストファイルを準備しておいて，[ファイル] メニューの [開く…] でそのファイルを開くと，図 6.10 のように座標軸にグラフがプロットされるはずです．

```
0 0
1 1
2 4
3 9
4 16
```

6.5 ポップアップメニューを用いたプログラム

GUIDE のコンポーネントには複数の選択肢から項目を選ぶことができるタイプのものがいくつかあります．ここでは，そのうちの 1 つであるポップアップメニューについて解説します．

> ☞ **ここがポイント**
>
> コールバックの宣言の下にそのコンポーネントのデータの取り扱い方に関するヒントが書いてあります．

解説

本節では，前節で作成したプロットのプログラムを改良し，**ポップアップメニューでグラフのラインの色を指定できるようにします．** まず，guiplot.fig のキャンバスにポップアップメニューを追加し，プロパティインスペクターでそれらの属性を変更してください．

● ポップアップメニュー

・FontSize: 9 → 20
・String: ポップアップメニュー → 1 行目: Blue, 2 行目: Red, 3 行目: Black
・Tag: popupmenu1 → PopupColor

ポップアップメニューの String は図 6.14 のようなダイアログで入力します．このデータは複数行になっており，各行がメニューの項目に対応します．以上の作業が終わるとキャンバスは図 6.15 のような状態になりますので，guiplot.fig を上書き保存してください．

図 **6.14** ポップアップメニューの String 設定の様子

続いて，プログラムに手を加えます．まず，`MenuFileOpen_Callback` を以下のように変更します．

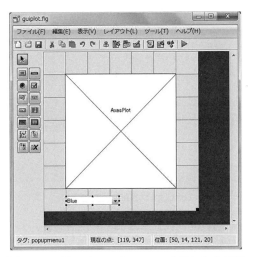

図 6.15 ポップアップメニューを追加した状態

プログラム 6.11

```
function MenuFileOpen_Callback(hObject,...
  eventdata, handles)

[file,path] = uigetfile('*.txt');
if file ~= 0
  % データの読み込み
  data = load(fullfile(path,file),'-ascii');

  % PopupColor から色の文字列を取得
  contents = cellstr(get(handles.PopupColor,...
  'String'));
  color = contents{get(handles.PopupColor,...
  'Value')};

  % 座標軸の指定とプロット
  axes(handles.AxesPlot)
  plot(data(:,1),data(:,2),color)

  % hanldes に保存
  handles.data = data;
  guidata(hObject,handles);
end
```

このコールバックの 10 行目では，ポップアップメニューの文字列のリストを取得し，cellstr でセル配列に変換しています．そして，12 行目でそのセル配列から選択中のものを抽出しています．

上のような手順によってポップアップメニューから選択中の文字列を得られることは，PopupColor_Callback の宣言に続くコメントに記載されています．以下にその部分を示します（紙面の制約から改行しています）．このように，コンポーネントからのデータの取得方法は対応するコールバックの下に記載されています．

```
% Hints: contents = cellstr(get(hObject,'String')) returns
         PopupColor contents as cell array
%        contents{get(hObject,'Value')} returns selected item from
         PopupColor
```

MenuFileOpen_Callback の 17 行目ではラインの色を指定してプロットしています．§3.1 で述べたように，ラインの色の指定には色を表す英単語をそのまま利用できます．20, 21 行目ではファイルから読み込んだデータを構造体 handles に代入し，更新しています．これは，ポップアップメニューのコールバックでもこのデータをプロットできるようにするためです．

次に，PopupColor_Callback を作成します．このコールバックは，利用者がポップアップメニューを操作した時にグラフのラインの色を変える処理を担当します．しかし，その操作がファイルからデータを読み込む前に行われれば，プロットすべきデータが存在しません．そこで，データが読み込み済みかどうかを知るために，handles.data が存在するか否かを調べます．

プログラム 6.12

```
1  function PopupColor_Callback(hObject,...
2     eventdata, handles)
3
4  % データ読み込み済みかをチェック
5  if isfield(handles,'data')
6     % 色の文字列を取得
7     contents = cellstr(get(hObject,'String'));
8     color = contents{get(hObject,'Value')};
9
10    % 座標軸の指定とプロット
11    axes(handles.AxesPlot)
12    plot(handles.data(:,1),handles.data(:,2),color)
13 end
```

構造体にあるフィールドが存在するかどうかを調べるには，プログラム 6.6 と同様に，isfield を用います．以下のコールバックでは，5 行目にデータが読み込み済みかをチェックし，すでに読み込まれている場合にのみ指定された色でグラフをプロットしています．

6.6 リストボックスを用いたプログラム

前節で解説したポップアップメニューと同様に複数の選択肢から項目を選ぶことができるコンポーネントとして，リストボックスがあります．

> **ここがポイント**
> リストボックスでは文字列のリストをセル配列で与えます．

解説

本節では，ダイアログで指定したフォルダー内のファイルをリストボックスに表示するプログラムを作成します．GUIDE で空白の GUI を新たに作成し，メニューエディターで [ファイル] メニューの下に [フォルダーの選択…] と [終了] を配置してください．各項目のタグは，MenuFile, MenuFileFolder, MenuFileClose としてください．メニューエディターで設定した状態を図 6.16 に示します．

図 **6.16** メニューエディターでメニュー項目を設定した状態

次に，リストボックスをキャンバスに配置し，その属性を以下のように設定してください．

- Tag: listbox1 → ListboxDir
- String: リストボックス → （文字列削除）

これらの作業を行うと，キャンバスは図 6.17 のようになります．

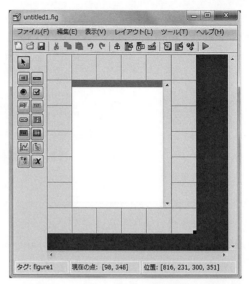

図 6.17 リストボックスを配置した状態

コンポーネントの設定が済んだら，guifilelist.fig というファイル名で保存してください．すると，guifilelist.m が自動生成されますので，プログラムを追加していきます．

はじめに，[ファイル] メニューの [フォルダーの選択…] のコールバックに以下のプログラムを追加します．まず，4 行目の uigetdir（§5.9 参照）でフォルダーを取得します．そして，5 行目でフォルダー取得のダイアログでキャンセルボタンが選択されていないことを確認した上で，6 行目では dir（§5.7 参照）によりそのフォルダーの情報を得ています．なお，dir の戻り値が代入された変数 dlist は構造体です．

プログラム 6.13

```
1  function MenuFileFolder_Callback(hObject,...
2     eventdata, handles)
3
4  folder = uigetdir;
5  if folder ~= 0
6    dlist = dir(folder);
7    set(handles.ListboxDir,'String',{dlist.name})
8  end
```

このコールバックのポイントは 7 行目です．この行では set でリストボックスの String の値を指定していますが，この値はセル配列で与える必要があります．そこで，dlist.name を中カッコで囲んでセル配列にしています．ここで，

dlist.name は構造体 dlist の全要素の name フィールドを意味します（§2.11 参照）．つまり，uigetdir により得られたフォルダー内の全てのフォルダー名とファイル名を意味します．

最後に，[ファイル] メニューの [終了] のコールバックに close を追加すればプログラムは完成です．

プログラム 6.14

```
function MenuFileClose_Callback(hObject,...
  eventdata, handles)

close
```

guifilelist.m を上書き保存して実行すると，図 6.18 のような表示が得られます．このプログラムは GUI によるファイル操作の基本となりますので，工夫して発展させてみてください．

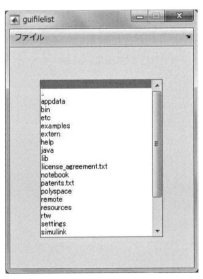

図 **6.18** 指定したフォルダーのファイルリストをリストボックスに表示した状態

6章　演習問題

問題 1
　§6.2 で作成した簡易電卓のプログラム（戻り値なし）を改良し，四則演算ができるようにせよ．

問題 2
　問題 1 で作成したプログラムに入力エリアの数値を消す [クリア] ボタンを追加せよ．

問題 3
　§6.5 で作成したプロットのプログラムを改良し，グラフのラインの太さを指定できるようにせよ．ラインの太さはエディットテキストを用いて入力し，プログラム起動時にはそのエディットテキストに太さの初期値を表示するようにすること．

問題 4
　§6.6 で作成したプログラムを改良し，リストボックスに画像ファイルの名称のみを表示させるようにせよ．画像ファイルの形式としては，BMP，PNG，TIFF などから複数をプログラム内で指定すること．

問題 5
　問題 4 で作成したプログラムを改良し，リストボックス内で選択された画像ファイルを座標軸に表示できるようにせよ．

第7章　MATLABのTips集

[ねらい]
　この章では，行列やベクトルを連結するワザやゼロ割を防ぐヒントなど，知っているとちょっと便利なノウハウをまとめました．条件式を使って配列の要素を指定するという裏ワザ的なテクニックも紹介します．

7.1 エディターでの現在の行のハイライト
7.2 列ベクトルへの変換
7.3 行列・ベクトルの連結
7.4 行列・ベクトルのソート
7.5 要素単位の演算実行時のエラー
7.6 基本的な統計量
7.7 ゼロ割の防止
7.8 条件式を利用した配列の要素指定
7.9 find の利用
7.10 ウェイトバー（プログレスバー）の表示
7.11 水平な線，垂直な線のプロット
7.12 スクリプトによるファイルの処理
7.13 コマンドウィンドウへの出力における書式指定
7.14 MATLAB Central

7.1 エディターでの現在の行のハイライト

[ホーム] タブの [環境] セクションの [設定] をクリックして設定の画面を表示し，[エディター/デバッガー] → [表示] で [現在の行を強調] にチェックを入れます（図 7.1）．すると，図 7.2 のように，カーソルがある行がハイライトされて見やすくなります．

図 7.1　設定画面

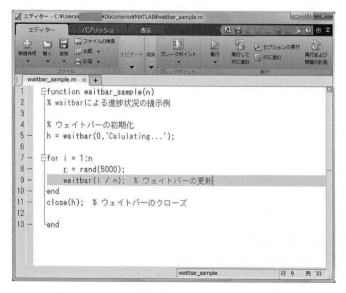

図 7.2　カーソルがある行をハイライトした状態

7.2 列ベクトルへの変換

ベクトル v に対して v(:) を実行すると，v が行ベクトルであっても列ベクトルであっても列ベクトルに変換されます．処理に先立って列ベクトルに統一しておきたいときに便利です．

以下に例を挙げます．変数 a は行ベクトル，変数 b は列ベクトルです．これらに a = a(:)，b = b(:) を実行すると，いずれも列ベクトルに変換されます．

```
>> a = 1:5;      % 行ベクトル
>> b = (1:5)';   % 列ベクトル
>> a = a(:)

a =

     1
     2
     3
     4
     5

>> b = b(:)

b =

     1
     2
     3
     4
     5
```

7.3 行列・ベクトルの連結

複数の行列やベクトルをブラケットで囲むことによって連結することができます．ただし，対象となる行列やベクトルのサイズを意識する必要があります．

はじめに，2つのベクトルを連結する方法を解説します．1つ目の例は，行ベクトルを連結し行ベクトルを作成する処理です．このように，スカラーを要素とする行ベクトルを作るのと同じ操作で実現できます．

```
>> a = [1 2 3]; b = [4 5];
>> c = [a b]

c =

     1     2     3     4     5
```

2つ目の例は，行ベクトルを連結し行列を作成する処理です．この場合，2つのベクトルをセミコロンで区切ってブラケットで囲みます．2つの行ベクトルは同じサイズを持たねばなりません．

```
>> d = [1 2 3]; e = [4 5 6];
>> f = [d; e]

f =

     1     2     3
     4     5     6
```

複数の行列を連結する操作も考え方は同じです．以下では，行列 g に 1 列追加する方法（行列 h），1 行追加する方法（行列 i）を示しています．

```
>> g = ones(2,3);
>> h = [c [2; 2]]

h =

     1     1     1     2
     1     1     1     2

>> i = [c; 2 2 2]

i =

     1     1     1
     1     1     1
     2     2     2
```

この方法はプログラミングにも応用することができます．以下のプログラムは，引数で与えられたベクトルのうち，正の要素のみをベクトルにして返す関数です．4 行目で空のベクトルを作成し，5 行目以降でそのベクトルの末尾に正の要素（スカラー）を追加しています．

プログラム 7.1 　 selectpositive.m

```
1  function pos = selectpositive(vec)
2  % ベクトルのうち正の要素のみ選択
3
4  pos = [];                    % 空のベクトルを作成
5  for n = 1:length(vec)
6    if vec(n) > 0
7      pos = [pos; vec(n)];     % 追加
8    end
9  end
10
11 end
```

7.4 行列・ベクトルのソート

配列の要素を大きい順や小さい順に並べかえる操作を**ソート**と言います．ソートを実行する関数として sort があります．以下のようにベクトルに対してソートを実行すると，小さい順（**昇順**）で並べかえます．

```
>> a = [4 6 1 8 5];
>> b = sort(a)

b =

     1     4     5     6     8
```

大きい順（**降順**）に並べかえる場合には，次のように第2に引数に'descend'を指定します．

```
>> c = sort(a,'descend')

c =

     8     6     5     4     1
```

sort の引数として行列を与えた場合には，以下のように列方向にソートされます．

```
>> d = [8 5 8; 3 9 6; 9 6 1];
>> e = sort(d)

e =

     3     5     1
     8     6     6
     9     9     8
```

行方向にソートしたい場合には，第2引数に2を指定します．

```
>> f = sort(d,2)

f =

     5     8     8
     3     6     9
     1     6     9
```

7.5　要素単位の演算実行時のエラー

　行列（ベクトル）の要素単位の演算（配列演算）を実行したときに以下のようなエラーに遭遇することがあります．

```
>> m3 = m1 .* m2;
エラー:   .*
行列の次元は一致しなければなりません．
```

　要素単位の演算を実行するためには，2つの行列の要素数だけではなく，サイズも一致する必要があります．そこで，上のようなエラーが表示された場合には，ワークスペースパネルや whos でサイズを確認してください．whos に続けて変数名を指定すると，そのサイズなどの情報が得られます．

```
>> whos m1 m2
  Name      Size        Bytes  Class    Attributes

  m1        5x3           120  double
  m2        3x5           120  double
```

　この例では，変数 m1 と m2 のサイズが異なることがわかります．この場合，以下のように一方の変数を転置することによって，要素単位の演算を実行することができます．

```
>> m3 = m1 .* m2';
>> m4 = m1' .* m2;
```

7.6 基本的な統計量

利用頻度が高いと思われる基本的な統計量を求める関数を表 7.1 に示します．利用法はドキュメンテーションを参照してください．

表 7.1 基本的な統計量を求める関数

統計量	関数
平均値	mean
総和	sum
中央値（メディアン）	median
分散	var
標準偏差	std
相関係数	corrcoef
共分散	cov

7.7 ゼロ割の防止

数を 0 で除算することはできません．しかし，変数を使って計算をしていると気付かないうちに 0 で割ってしまうこと（**ゼロ割**）があります．そのようなことを防ぐため，割る数にごく小さい数を足しておく方法をご紹介します．

次の関数の値を $-10 \leq x \leq 10$ の範囲で求めてみましょう．

$$y = \frac{\sin(x)}{x} \qquad (7.1)$$

この関数では $x = 0$ のときゼロ割が生じます．ただし，MATLAB ではエラーが生じることもなく，0 で割った際には `Inf` $(=\infty)$ が返されます．

```
>> x = -10:0.1:10;
>> y = sin(x) ./ x;           % ゼロ割発生
```

この例でゼロ割を発生させないようにする方法はいくつか考えられますが，1つの方法として，変数 x の全ての要素にごく小さい値を加えておくというものがあります．そうすれば x の中に 0 がなくなりますので，ゼロ割は生じません．この「ごく小さい値」として，MATLAB には `eps` が用意されています．これは MATLAB で扱うことのできる最も小さい数であり，`eps`$= 2^{-52}$ です．

```
>> x = -10:0.1:10 + eps;
>> y = sin(x) ./ x;           % ゼロ割発生せず
```

このようにすればゼロ割は発生しません．`eps` は対数などのように引数として 0 を与えられない場合にも利用できます．ただし，`eps` を使って求めた値であることを認識しておくことが必要です．

▶ [ヒント]
sin(x), x ともにベクトルなので，要素単位の除算をしています．

7.8　条件式を利用した配列の要素指定

これまで，配列の要素指定をする際には，添字としてスカラーやベクトルを利用していました（§2.4, §2.6 参照）．しかし，実は，要素指定には条件式を用いることができるのです．

以下に例を挙げます．最初の例では丸カッコの中に x>5 を入れています．それによって，変数 x のうち，5 より大きい要素のみが抽出されています．

```
>> x = 1:10;
>> x(x>5)

ans =

     6     7     8     9    10
```

なぜこのような結果が得られるのでしょうか．x(x>5) の丸カッコの中にある条件式をコマンドウィンドウで実行すると，以下のような出力が得られます．このときの 1 と 0 はそれぞれ真と偽に対応する論理値です．

```
>> x > 5

ans =

     0     0     0     0     0     1     1     1     1     1
```

MATLAB の配列では，添字に論理値の配列を与えると，1（真）に対応する要素が抽出されます．そのため，x(x>5) は上のような出力が得られるのです．

次の例では，x を 2 で割ったときの剰余が 1 の要素を抽出しています．これはつまり奇数の要素のみを抽出することを意味しています．

```
>> x(mod(x,2)==1)

ans =

     1     3     5     7     9
```

この機能を活用すると，繰返し処理をなくしたり，プログラムを短くしたりすることができます．一例として，§4.7 の矩形波を生成するプログラム 4.10 を書き直してみましょう．

プログラム 7.2　squarewave2.m

```
1  function [x,y] = squarewave2(omega)
2  % 矩形波の生成
3
4  x = linspace(0,2*pi);      % 0〜2π
5  y = sin(omega*x);          % 正弦波
6  y(y>=0) = 1;               % 正の要素
7  y(y<0) = -1;               % 負の要素
8
9  end
```

元のプログラムでは for 文と if 文を使っていましたが，それらを使わずにプログラムを書くことができました．6 行目，7 行目ではそれぞれ正の値，負の値を持つ要素を 1，-1 で置き換えています．

7.9 find の利用

前節では,条件式を用いて配列の要素指定をする方法を解説しました.本節では,条件式を用いて添字を抽出するコマンド find を紹介します.このコマンドの引数として条件式を与えると,それを満たす要素に対応する添字を返します.例を見てみましょう.

```
>> x = -5:5;
>> k = find(x>0)

k =

     7     8     9    10    11
```

変数 x は -5 から 5 までの要素数 11 のベクトルです.find(x>0) では要素が正の添字を求めています.x のうち正の値を持つのは,第 7 番目から第 11 番目の要素ですので,変数 k には 7 から 11 までのベクトルが代入されることになります.では,得られた k を利用して,x の正の要素のみを表示させてみましょう.

```
>> x(k)

ans =

     1     2     3     4     5
```

行列に対して find を利用する場合には,戻り値として行と列の添字に対応する変数を指定します.

```
>> m = magic(5);
>> [row,col] = find(m>20)

row =

     2
     1
     5
     4
     3


col =

     1
     2
     3
     4
     5
```

前節と同じく，矩形波を生成するプログラム 4.10 を `find` を用いて書き直してみましょう．

プログラム **7.3**　squarewave3.m

```
 1  function [x,y] = squarewave3(omega)
 2  % 矩形波の生成
 3  
 4  x = linspace(0,2*pi);      % 0～2π
 5  y = sin(omega*x);          % 正弦波
 6  p = find(y>=0);            % 正の要素の添字
 7  n = find(y<0);             % 負の要素の添字
 8  y(p) = 1;
 9  y(n) = -1;
10  
11  end
```

プログラム 7.2 と同様に，for 文と if 文を使わずにプログラムを書くことができました．6 行目，7 行目ではそれぞれ正の値，負の値を持つ要素の添字を求めています．そして，8 行目，9 行目ではそれを用いて矩形波を生成しています．

7.10 ウェイトバー（プログレスバー）の表示

時間を要する計算を行う際には，その進捗状況を提示すると利用者は処理が進んでいることを確認できますし，残りの待ち時間も予想できます．このような目的のため，プログレスバー（MATLAB ではウェイトバーと呼ばれる）を表示するコマンド waitbar が提供されています．ウェイトバーの例を図 7.3 に示します．

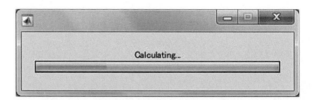

図 7.3 ウェイトバーの例

以下のプログラム 7.4 はウェイトバーの使用例です．まず，5 行目でウェイトバーを初期化します．waitbar の第 1 引数は色付きの部分の長さで，0 から 1 の値をとります．初期状態ではこの値は 0 です．第 2 引数はウェイトバーに表示されるメッセージです．9 行目では，進捗状況に応じて色付きのバーの長さを長くしていきます．繰返し処理が終わったら，11 行目でウェイトバーのウィンドウを閉じています．

プログラム 7.4　waitbar_sample.m

```
1  function waitbar_sample(n)
2  % waitbar による進捗状況の提示例
3
4  % ウェイトバーの初期化
5  h = waitbar(0,'Calculating...');
6
7  for i = 1:n
8      r = rand(5000);         % ダミーの処理
9      waitbar(i / n);         % ウェイトバーの更新
10 end
11 close(h)                    % ウェイトバーのクローズ
12
13 end
```

7.11 水平な線，垂直な線のプロット

図 7.4 のようにグラフに x 軸と y 軸をプロットするにはどのようにしたらよいでしょう．plot を使う方法を考えてみてください．

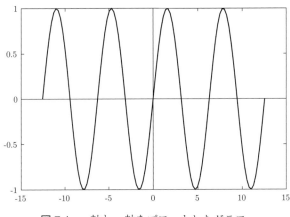

図 7.4　x 軸と y 軸をプロットしたグラフ

まずは，x 軸，y 軸以外の部分をプロットします．

```
>> x = linspace(-4*pi,4*pi);
>> plot(x,sin(x))
```

x 軸を引くには，2 つの点（x 軸の最小値, 0），（x 軸の最大値, 0）の間に線を引けばよいわけです．同じく，y 軸を引くには，（0, y 軸の最小値），（0, y 軸の最大値）との間に線を引きます．各軸の最大値，最小値を得るには，axis が利用できます．

```
>> ax = axis;
```

ここまで来ればもう一歩です．変数 ax を用いて以下のように実行すれば，x 軸，y 軸をプロットすることができます．

```
>> hold on                       % グラフをホールド
>> plot([ax(1) ax(2)],[0 0],'k') % x 軸を黒線で
>> plot([0 0],[ax(3) ax(4)],'k') % y 軸を黒線で
>> hold off
```

[0 0] というベクトルを使うという点がちょっと思い付きにくいのではないでしょうか．これは，x 軸や y 軸に限らず，水平な線，垂直な線を引くときに活用できる方法です．

7.12　スクリプトによるファイルの処理

§5.7 や §5.8 でフォルダー内のファイルをプログラムを使って処理する方法を解説しました．しかし，プログラムを作るのはちょっと面倒，とはいえ手作業も面倒，という場合もあると思います．そのようなときは §4.2 で説明したスクリプトを使うのがお勧めです．

スクリプトは実行順にステートメントを書き，M ファイルに保存するだけで作ることができます．これをファイルに対する処理でも利用しましょう．ここでは，乱数のベクトルを 5 回生成し，それらを data1.mat, data2.mat, …, data5.mat に保存する作業を考えます．

エディタを起動し，プログラム 7.5 の内容を入力してください．そして，現在のフォルダーに myscript.m というファイル名で保存してください．

プログラム **7.5**　myscrip1.m

```
1  % ファイル処理のスクリプトの例
2  x = rand(100,1)
3  save data1.mat x
4  x = rand(100,1)
5  save data2.mat x
6  x = rand(100,1)
7  save data3.mat x
8  x = rand(100,1)
9  save data4.mat x
10 x = rand(100,1)
11 save data5.mat x
```

保存の後，コマンドウインドウで myscript を実行すれば，このファイルの上の行から順に処理されます．

```
>> myscript
```

プログラム 7.5 のようなプログラムはコピー&ペーストを使って書くと簡単ですが，修正漏れが起きがちですので，その点は気をつけてください．

7.13 コマンドウィンドウへの出力における書式指定

§5.11 では，テキストファイルに出力する際，fprintf を用いて細かく書式を指定する方法を解説しました．同様の出力をコマンドウィンドウに対しても行うことができます．

fprintf の第 1 引数はファイル識別子で，§5.11 では fopen で得られた値を指定していました．このファイル識別子を 1 とすると，コマンドウィンドウに出力させることができます．

例えば，次のプログラムは，10 回ループするごとにコマンドウィンドウに進捗状況を表示します．8 行目の mod(i,10) によって，変数 i が 10 の倍数のときだけ 9 行目を実行します．引数に 50 を与えて実行すると，以下のような表示が得られます．

```
>> fprintf_sample(50)
 10/50
 20/50
 30/50
 40/50
 50/50
```

プログラム **7.6** fprintf_sample.m

```
1  function fprintf_sample(n)
2  % fprintf によるコマンドウィンドウへの出力例
3
4  for i = 1:n
5    r = rand(5000);          % ダミーの処理
6
7    % 10 回ごとに表示
8    if mod(i,10) == 0
9      fprintf(1,'%3d/%d\n',i,n);
10   end
11 end
12
13 end
```

7.14 MATLAB Central

MATLABに関する情報を探すときにはMATLAB Centralにアクセスしてみましょう．MATLAB CentralはMathworksが運営するMATLABとその関連製品のSimulinkのユーザーコミュニティーwebサイトです．MATLAB Centralには，[ホーム]タブの[リソース]セクションの[コミュニティ]をクリックしてもアクセスすることができます．使用言語は英語ですが，掲示板(MATLAB Answers)で課題の解決策を探したり，File exchange（図7.5）で世界中のユーザーが公開している関数を入手したりすることができます．

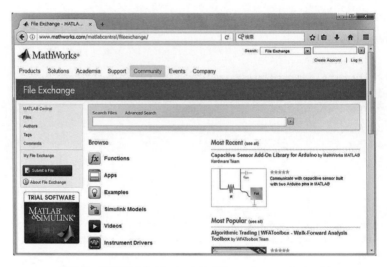

図7.5 MATLAB CentralのFile exchangeのページ

演習問題解答例

ここに示すのは解答の一例であり，唯一の方法ではありません．

第 1 章
問題 1

```
>> r = 5;
>> S = 4 * pi * r ^ 2

S =

   314.1593

>> V = 4 / 3 * pi * r ^ 3

V =

   523.5988
```

問題 2

　round は小数点第 1 位で四捨五入，ceil は天井関数，floor は床関数の計算を行う．

```
>> x = 12.56;
>> round(x)
>> ceil(x)
>> floor(x)
```

問題 3

```
>> x = 1 - 2i;
>> abs(x)
>> real(x)
>> imag(x)
```

問題 4

```
>> x1 = 1; y1 = 1; x2 = 2; y2 = 3;
>> D = sqrt((x1-x2)^2 + (y1-y2)^2)

D =

    2.2361
```

問題 5

整数を 10 で割った余りはもとの整数の 1 の位になる．

```
>> a = 123;
>> x = mod(x,10)

x =

    3
```

第 2 章

問題 1

```
>> a = 0:5:50
>> b = 0:-5:-50
>> c = (0:2:10)'   % c = [0:2:10]' も可
```

問題 2

```
>> a(1:5)
>> b(1:10) = 1:10
>> d = c(length(c):-1:1)
```

問題 3

```
>> M = [1.1:0.1:1.3; 2.1:0.1:2.3; 3.1:0.1:3.3]
>> p = M(:,2)
```

問題 4

ベクトルの正規化の例を示す．max(abs(vec)) はベクトル vec の要素のうち絶対値が最大のものを意味する．従って，その値で vec を割れば，正規化される．

```
>> vec = [-5 -2 8 0 1 4]
>> nvec = vec / max(abs(vec))
```

行列の正規化の例を示す．

```
>> mx = [-1.2 3.1; -0.4 0.2; 2.6 -0.6]
>> nmx = mx / max(max(abs(mx)))
```

問題 5

```
>> p1 = struct('x',1.2,'y',0.3);
>> p2 = struct('x',3.75,'y',-1.1);
>> c.x = (p1.x + p2.x) / 2;
>> c.y = (p1.y + p2.y) / 2;
>> c

c = 

    x: 2.4750
    y: -0.4000
```

第4章

問題 1

プログラム 解.1　prog 4_1.m

```
1  function p = prog4_1(n,r)
2  
3  p = factorial(n) / factorial(n-r);
4  
5  end
```

以下に実行例を示す．

```
>> prog4_1(3,2)

ans =

    6
```

問題 2

プログラム 解.2　prog 4_2.m

```
1  function ndays = prog4_2(m,d)
2  % m: 月
3  % n: 日
4  
5  % 各月の日数をベクトルにする
6  days = [31 28 31 30 31 30 31 31 30 31 30 31];
7  
8  % 1月から(m-1)月までの日数をsumで計算し，dを加算
9  ndays = sum(days(1:m-1)) + d;
10 
11 end
```

以下に実行例を示す．

```
>> prog4_2(3,5)

ans =

    64
```

問題 3

プログラム 解.3　prog 4_3.m

```
function [A,B,C] = prog4_3

for A = 1:9
  for B = 1:9
    AA = 10*A + A;  % AAを求める
    AB = 10*A + B;  % ABを求める
    s = AA + AB;    % AAとBBの和

    % n1:1の位, n2:10の位, n3:100の位
    n1 = mod(s,10);
    n2 = mod(floor(s/10),10);
    n3 = floor(s/100);

    % 1の位, 10の位, 100の位が等しいか？
    if n1 == n2 && n2 == n3
      % 等しければCに代入
      C = n1;
      % breakで内側のループを抜ける
      break
    end
  end

  % もし変数Cが存在すれば，外側のループも抜けて
  % プログラムを終了する
  if exist('C','var')
    break
  end
end
```

以下に実行例を示す．

```
>> [A,B,C] = prog4_3

A =

     5


B =

     6


C =

     1
```

問題 4

プログラム 解.4　prog 4_4.m

```
function y = prog4_4(x,L)
% x: ベクトル
% L: 窓長

N = length(x);        % xの長さ
y = zeros(size(x));   % yの初期化

% 移動平均の計算
for n = 1:N-L+1
  % y(n) = mean(x(n:n+L-1)); でもよい
  y(n) = sum(x(n:n+L-1)) / L;
end

end
```

このプログラムでは戻り値で得られるベクトルの最後の $L-1$ 点は 0 となる. 以下に実行例を示す.

```
>> x = rand(1,100);
>> plot(x)
>> y = prog4_4(x,5);
>> hold on; plot(y,'m'); hold off
```

問題 5

プログラム 解.5　prog 4_5.m

```
1  function BMI = prog4_5(data)
2  % data: 構造体
3  % data.name: 氏名 (文字列)
4  % data.height: 身長 [cm]
5  % data.weight: 体重 [kg]
6
7  % 引数が与えられなければ入力させる
8  if nargin == 0
9      data.name = input('氏名: ','s');
10     data.height = input('身長[cm]: ');
11     data.weight = input('体重[kg]: ');
12 end
13
14 % BMI の計算
15 BMI = data.weight / (data.height/100)^2;
16
17 end
```

以下に実行例を示す.

```
>> s = struct('name','Sato Taro','height',170,'weight',65);
>> prog4_5(s)

ans =

   22.4913

>> bmi = prog4_5
氏名: Kobayashi Susumu
身長 [cm]: 180
体重 [kg]: 82

ans =

Kobayashi Susumu


bmi =

   25.3086
```

第 5 章

問題 1

```
>> load count.dat
>> c1 = count(:,1);
>> save('count1.mat','c1')
```

問題 2

プログラム 解.6　prog 5_2.m

```
1  function prog5_2(folder)
2
3  % フォルダーの有無をチェック
4  if exist(folder) ~= 7
5    error([folder 'は存在しません'])
6  end
7
8  dlist = dir(folder);
9  for i = 1:length(dlist)
10   if dlist(i).isdir == 0
11     [path,name,ext] = fileparts(dlist(i).name);
12     % 拡張子が.xlsか.xlsxならExcelのファイル
13     % if strncmp(ext,'.xls',4) としてもよい
14     if strcmp(ext,'.xls') || strcmp(ext,'.xlsx')
15       disp(dlist(i).name)
16     end
17   end
18  end
19
20  end
```

以下に実行例を示す.

```
>> prog5_2('.')  % 現在のフォルダーを引数に指定
xlsfile1.xlsx
xlsfile2.xls
```

問題 3

プログラム 解.7　prog 5_3.m

```
1  function x = prog5_3(f)
2  % f:  周波数 [Hz]
3
4  FS = 8000;              % 標本化周波数 [Hz]
5  DUR = 1;                % 時間長 [s]
6
7  t = 0:1/FS:DUR-1/FS;    % 時刻のベクトル
8
9  % 三角波 (床関数は floor)
10 x = 2 * (f*t - floor(f*t + 1/2));
11
12 end
```

以下に実行例を示す．

```
>> x = prog5_3(440);
>> sound(x,8000)                    % 音の出力
```

問題 4

プログラム 解.8　prog 5_4.m

```
1  function bin = prog5_4(img,th)
2  % img, bin: 画像データ
3  % th: 閾値
4  
5  bin = zeros(size(img));          % 初期化
6  
7  [M,N] = size(img);               % 画像のサイズ
8  for x = 1:M
9    for y = 1:N
10     % 画素値が閾値より大きい場合
11     if img(x,y) >= th
12       bin(x,y) = 1;
13     % 画素値が閾値より小さい場合
14     else
15       bin(x,y) = 0;
16     end
17   end
18 end
19 
20 end
```

以下に実行例を示す．

```
>> img = imread('eight.tif');
>> imagesc(img); colormap(gray); axis equal
>> bin = prog5_4(img,128);
>> figure
>> imagesc(bin); colormap(gray); axis equal
```

問題 5

プログラム 解.9　prog 5_5.m

```
1   function prog5_5(outputfile)
2   % outputfile:  ファイル名
3   
4   % ファイルのオープン
5   [fid,errmsg] = fopen(outputfile,'w');
6   if fid < 0
7       error(errmsg)
8   end
9   
10  NFILE = 30;              % ファイルの個数
11  FILEBODY = 'randdata';   % ファイル名の本体部分
12  for n = 1:NFILE
13      % ファイル名の生成
14      filename = sprintf('%s%03d.mat',FILEBODY,n);
15      % データの読み込み
16      load(filename)
17      % ファイル名と平均値の書き込み
18      % 数値は小数点第3位まで
19      fprintf(fid,'%s: %.3f\n',filename,mean(x));
20  end
21  
22  fclose(fid);             % ファイルのクローズ
23  
24  end
```

以下に実行例を示す.

```
>> prog5_5('mean.txt')
>> type mean.txt

randdata001.mat: 0.553
randdata002.mat: 0.424
randdata003.mat: 0.623
  （以下略）
```

第6章 （省略）

索 引

記号

…（3連ピリオド）	31, 37, 134
==（等しい）	115
&&（論理積）	117
||（論理和）	117
~（否定）	119, 127, 131
~=（等しくない）	115

英字

abs	17
add	141
ans	9, 13
audioplayer	165
audioread	164
audiowrite	164
axis	71, 73, 163, 227
bar	66, 94
bar3	95
bar3h	95
barh	94
BMP	103, 212
break	135
cat	41
cd	108
ceil	17
cell2mat	49, 134
cell2struct	49
celldisp	46
cellplot	46
cellstr	208
clear	14
close	103, 201, 204
Color	77
colormap	187
continue	136
corrcoef	220
cov	220
csvread	158
csvwrite	158
CSVファイル	158
datestr	64
datetime	64
delete	108
dir	166, 210
disp	118
dlmread	158
dlmwrite	158
doc	7, 141
edit	108
elseif	118
Enable	198
end	112, 196
EPS	103
eps	221
error	138
errorbar	96
Excelのファイル	160, 187
exist	169
exit	3, 201
factorial	151
fclose	179
figure	86
Figureのコピー	59
Figファイル	82, 102, 112, 194, 204
File exchange	230
fileparts	171
find	224
floor	17
FontName	83
FontSize	83
fopen	179, 229
for文	122
fprintf	179, 229
fullfile	170, 172, 175, 205, 207
function	112, 146
fwrite	182
gca	83, 110
ginput	88
grid	60
gtext	88
guidata	196
guide	190
help	7, 139, 140

histogram	88	pause	148
hold	65, 70, 97, 227	peaks	72, 104
		pi	11
if 文	115, 117	pie	92
imag	17	pie3	93
Image Processing Toolbox	162	plot	52, 65, 77, 227
imagesc	187	plot3	56, 65
imread	162	PNG	104, 212
imshow	163	print	104
imwrite	162	profile	144
inf	71	pwd	108
input	135, 151		
inputdlg	133	quit	3, 201
isdir	168		
isempty	131	rand	31, 88, 139, 179
isfield	199, 209	randn	89
		readtable	161
legend	67, 79	real	17
length	38, 123, 168, 217	reshape	42
line	88	RGB 値	77
LineWidth	77, 84	round	17
linspace	26, 56, 61, 67, 73, 75, 79, 83, 110, 123, 146, 223	save	154
load	156, 157	savefig	102
Location	68	savefing	102
loglog	98	scatter	89
logodemo	6	semilogx	98
		semilogy	98
magic	31, 159	set	83, 110, 197
MarkerEdgeColor	78	size	39
MarkerFaceColor	78	sort	218
MarkerSize	78	sound	165
mat2cell	49	soundsc	165
MATLAB Central	230	sprintf	64, 176
MAT ファイル	154, 156, 170, 171, 175, 187	sqrt	11
max	11, 39	squeeze	42
mean	138, 220	stairs	91, 123, 130
median	220	std	138, 220
membrane	56	stem	91, 130
mesh	56, 104	str2double	133, 196
meshc	56	str2num	133, 134
meshgrid	57	strcmp	126, 127, 171
meshz	57	strcmpi	127
mkdir	108	strfind	127
mod	17, 119, 131, 222, 229	strncmp	127
MPEG-4 AAC	165	strncmpi	127
M ファイル	110, 112, 124, 194, 204, 228	subplot	69
		sum	121, 143, 220
nargin	132, 138	surf	57
nargout	138	surfc	57
num2str	64, 135, 197		
		text	88
ones	26, 31, 35	tic	143
openfig	102	TIFF	164, 212
Orientation	68	title	63
		toc	143

type	181
uigetdir	173, 210
uigetfile	173, 205
uiputfile	173
uiresume	201
uiwait	200
var	220
view	85
Visible	199
waitbar	226
warning	131
waterfall	57
WAVE ファイル	165, 187
which	147, 164
while 文	120
whos	22, 157, 219
xlabel	63
xlsread	160
xlswrite	160
XTick	84
ylabel	63
YTick	84
zeros	26, 31
zlabel	63

日本語

アクセラレーター	203
アルゴリズム	147
1次元配列	20
一点鎖線	53
イベント駆動型	195
入れ子	136
インデント	116
インポートウィザード	156, 163, 166
ウェイトバー	226
エディター	108, 116, 145, 148, 204, 214
エディットテキスト	192
エラーバー	96
円グラフ	92
演算子	9, 32, 33
円周率	11
オーディオファイル	164
オブジェクト整列	192
階段状プロット	91
拡張子	104, 161, 164, 171, 187
画像ファイル	162
片対数グラフ	98
かつ (&&)	117

関係演算子	115, 120
関数	10, 110, 112
関数の宣言	112
偽	115, 117, 127, 128, 171, 222
きざみ値	24, 165
キャンセルボタン	133, 210
キャンバス	191
仰角	85
強制的に終了	121
共分散	220
行ベクトル	20
行列	30, 117, 216
行列演算	33
虚数単位	14, 121
クイックスタートダイアログ	190, 202
矩形波	122, 222, 225
繰返し処理	120, 135
グリッドライン	60, 70
現在のフォルダーツールバー	3, 108
現在のフォルダーパネル	3
検索パス	124, 141, 147, 164, 187
降順	218
構造体	43, 50, 101, 196, 210
構造体配列	44, 167
コールバック	195, 204
弧度法	11
コマンド	4, 5, 11
コマンドウィンドウパネル	3
コメント	53, 110, 139
コメントアウト	139, 200
コロン演算子	24, 29, 30, 32, 42, 50, 122
コントロール+c	121
コンプリーション	15
コンポーネント	190
サイズ	20, 30, 44, 118, 219
座標軸	52, 65, 69, 71, 73, 80, 204
サブルーチン	125, 195
3次元回転	84
3次元配列	41
散布図	89, 100
サンプリング周波数	164
閾値処理	187
軸ラベル	62, 70
次元	20
四則演算	9
実行例	5
実線	53
指定子	53, 97
出力表示の抑制	27
順列	151
条件	115, 117, 120
条件式	115, 117, 222, 224
条件分岐	115
昇順	218
剰余	17, 119, 131, 222

ショートカットキー	203
初期化	120, 122
初期作業フォルダー	108
書式演算子	177, 180
真	115, 117, 127, 128, 171, 199, 222
シングルクォーテーション	22, 25, 63, 129, 168
スカラー	9, 117, 217
スクリプト	110, 114, 228
スケーリング	165
スタティックテキスト	192
ステートメント	4, 5, 11
ステムプロット	91
ステレオ	165
ストップウォッチタイマー	143
正規化	50, 165
正方行列	31, 58
絶対値	17, 115
絶対パス	173
セミコロン	27, 52, 56, 71, 111, 148
セル配列	45, 133, 162, 208
ゼロ埋め	178
ゼロ割	221
相関係数	220
総和	220
添字	20, 28, 39
ソート	218
ダイアログボックス	133
タイトル	62
代入	12
楕円	73
多次元配列	40
中央値	220
ツールストリップ	3
ツールボックス	2, 76, 162
ティーポット	5
データカーソル	100
データのインポート	156, 158, 160, 163, 166
データヒント	100
テキストファイル	179
デスクトップ	3
テスト	112
デバッガー	148
デバッグ	112, 146
点線	53
転置	22, 25, 35, 219
ドキュメンテーション	6
トグル	61
ドック	4, 108
2次元配列	30
ネスト	136
ノコギリ波	187
バイナリファイル	182
配列	12, 20

配列演算	33, 37, 219
バグ	116, 146
パス	171
破線	53
バッチ処理	110
パネル	3, 108
バブルチャート	90
ハンドル	83, 196
凡例	67, 79, 82
引数	10
ヒストグラム	88
左から除算	35, 37
否定	119, 127
百五減算	130
標準偏差	139, 220
標本化周波数	164, 187
ビルトイン関数	10, 112, 113, 124
ビン	89
ファイル識別子	180, 229
フィールド	43, 167, 196
フィギュアウィンドウ	52, 86, 204
Figureツールバー	79, 84
複素数	14, 22
プッシュボタン	192
浮動小数点	13
ブラケット	21, 216
フルグリッド	57
ブレークポイント	148
フロー駆動型	195
プログレスバー	226
プロット編集ツールバー	87
プロパティインスペクター	80, 82, 192, 204, 206
プロパティエディター	67, 79, 82, 97
プロファイラー	144, 146
プロンプト	6, 130, 134, 150
分散	220
平均値	139, 187, 220
べき乗	9, 38, 91, 98
ベクトル	20, 117, 215, 216
ヘルプ	139
変数	4, 12, 21
方位角	85
棒グラフ	66, 94, 97
ホールド	65, 70
補完	15
ポップアップメニュー	206
マーカー	54, 76, 78, 79, 89, 91, 97
マイナーグリッドライン	61
MATLAB Figureファイル	102
魔方陣	31
右から除算	35, 37
無限ループ	121
メジャーグリッドライン	60
メディアン	220
メニューエディター	203, 209

目盛り間隔	73, 81, 84, 163
文字列	12, 23, 126, 133
戻り値	10, 39, 200
モノクロ画像	187
矢印	87
ユークリッド距離	17
床関数	187
要素	20
要素数	20, 38, 52
要素単位の演算	33, 37, 58, 91, 219
ラジアン	11
ラベル	93
リストボックス	209
両対数グラフ	98
履歴	14
ループ	120
レイアウト	3
列ベクトル	20
論理演算子	117, 120
論理積	117
論理和	117
論理値	127, 222
ワークスペース	4, 13, 101, 111, 114, 154, 156, 158, 163
ワークスペースパネル	3, 13, 14, 21, 30, 41, 75, 219
ワイルドカード	175

著者略歴

北 村 達 也（きたむら　たつや）

1992 年 山形大学工学部情報工学科 卒業
1994 年 北陸先端科学技術大学院大学 情報科学研究科博士前期課程 修了
1997 年 北陸先端科学技術大学院大学 情報科学研究科博士後期課程 修了 博士（情報科学）
静岡大学助手，(株)国際電気通信基礎技術研究所主任研究員などを経て
甲南大学 知能情報学部 知能情報学科 教授
音声科学に関する研究に従事

はじめてのMATLAB

ⓒ 2016 Tatsuya Kitamura　　　Printed in Japan

2016 年 10 月 31 日　初 版 発 行
2025 年 2 月 28 日　初 版第 8 刷発行

著　者　　北　村　達　也
発行者　　大　塚　浩　昭
発行所　　株式会社 近 代 科 学 社
〒101–0051 東京都千代田区神田神保町 1–105
https://www.kindaikagaku.co.jp

藤原印刷　　ISBN978-4-7649-0522-1
定価はカバーに表示してあります．